FPGA 技术及应用

编 著 // 李翠锦　朱济宇　钱雅楠　李成勇

U0248162

西南交通大学出版社
·成都·

图书在版编目（ＣＩＰ）数据

FPGA 技术及应用 / 李翠锦等编著. —成都：西南
交通大学出版社，2017.10
ISBN 978-7-5643-5811-2

Ⅰ. ①F… Ⅱ. ①李… Ⅲ. ①可编程序逻辑器件 – 系
统设计 Ⅳ. ①TP332.1

中国版本图书馆 CIP 数据核字（2017）第 244661 号

FPGA 技术及应用

编著　李翠锦　朱济宇　钱雅楠　李成勇

责任编辑	李芳芳
助理编辑	梁志敏
封面设计	何东琳设计工作室

出版发行	西南交通大学出版社
	（四川省成都市二环路北一段 111 号
	西南交通大学创新大厦 21 楼）
邮政编码	610031
发行部电话	028-87600564　028-87600533
官网	http://www.xnjdcbs.com
印刷	四川森林印务有限责任公司

成品尺寸	185 mm × 260 mm
印张	15
字数	375 千
版次	2017 年 10 月第 1 版
印次	2017 年 10 月第 1 次
定价	39.50 元
书号	ISBN 978-7-5643-5811-2

前言

  FPGA（现场可编程门阵列）是一种大规模可编程逻辑器件，在当前的电子设计领域被广泛应用。虽然 FPGA 芯片的成本较高，但是它给电子系统所带来的不可限量的速度和带宽，及其在灵活性、小型性方面的优势，越来越被追求高性能、偏重定制化需求的开发者所青睐。因此，在高校开设此门课程，以适应电子设计专业的发展需要，对培养专业人才，强化学生实践能力意义重大。

  本书依托重庆市教委教研教改项目（项目编号：163163）和重庆工程学院校内教改重点项目（项目编号：JY2015204），按照 CDIO 工程教育创新模式，结合教育部"卓越工程师教育培养计划"的实施原则，突出基本理论与实际应用相结合。通过合理安排内容，在保证基本理论知识的前提下，兼顾传统设计方法与软硬件设计方法、单元电路与系统设计的关系。本书以 Altera 的 FPGA 为例，对 FPGA 内部结构做了深入的分析，并介绍了 Altera 公司的 Modelsim 仿真软件及 QuartusII 开发环境。

  全书共 8 章。第 1 章 FPGA 入门简介，讲述可编程器件的一些基本概念、主要应用领域、相比传统技术的优势以及开发流程。第 2 章 Verilog HDL 的基础知识，介绍使用最广泛的 Verilog 语言的基本语法及使用方法。第 3 章设计验证，讲述如何验证所电路的正确性。第 4 章 Modelsim 仿真软件，介绍 Modelsim 仿真软件的安装流程及使用方法。第 5 章 QuartusII 综合工具，介绍 QuartusII 综合软件安装流程、使用方法及如何下载程序至开发板上。第 6 章可综合模型设计，介绍优良的代码书写规范和风格。第 7 章有限状态机的设计，使用 2 个实例着重介绍时序设计的应用。第 8 章 FPGA 系统设计实例，通过 6 个项目来展示 FPGA 的一些设计流程及在线调试方法。

  全书由重庆工程学院李成勇主任统稿和审校，其中第 4、5、6、7、8 章由李翠锦执笔，第 1、3 章由朱济宇执笔，第 2 章由钱雅楠执笔。另外，在本书的编写过程中，得到了曾凡鑫教授的大力支持，他为本书提出了许多宝贵意见，在此表示感谢。

  限于编者水平，书中难免存在不足之处，恳请各位专家和读者批评指正。

编 者

2017 年 8 月

目录

第1章 FPGA 入门简介

FPGA（Field-Programmable Gate Array），即现场可编程门阵列，是在 PAL、GAL、CPLD 等可编程器件的基础上进一步发展的产物。它作为专用集成电路（ASIC）领域中的一种半定制电路，既解决了定制电路的不足，又克服了原有可编程器件门电路数有限的缺点。读者可以带着如下问题阅读本章：

（1）FPGA 与 ASIC、CPLD 的主要区别有哪些？

（2）FPGA 的特点是什么？

（3）FPGA 设计流程是什么？

1.1 FPGA 发展历程

每一个看来很成功的新事物，从诞生到发展壮大都不可避免地经历过艰难的历程，并可能成为被研究的案例，FPGA 也不例外。

1985 年，当全球首款 FPGA 产品——XC2064 诞生时，注定要使用大量芯片的 PC 机刚刚走出硅谷的实验室进入商业市场，因特网只是科学家和政府机构通信的神秘链路，无线电话笨重得像砖头，日后大红大紫的 BillGates 正在为生计而奋斗，创新的可编程产品似乎并没有什么用武之地。

事实也的确如此。最初，FPGA 只是用于胶合逻辑（GlueLogic），从胶合逻辑到算法逻辑再到数字信号处理、高速串行收发器和嵌入式处理器，FPGA 真正地从配角变成了主角。在以闪电般速度发展的半导体产业里，22 年足够改变一切。"在未来十年内每一个电子设备都将有一个可编程逻辑芯片"的理想正成为现实。

1985 年，Xilinx 公司推出的全球第一款 FPGA 产品 XC2064 怎么看都像是一只"丑小鸭"——采用 2 μm 工艺，包含 64 个逻辑模块和 85 000 个晶体管，门数量不超过 1 000 个。22 年后的 2007 年，FPGA 业界双雄 Xilinx 和 Altera 公司纷纷推出了采用最新 65 nm 工艺的 FPGA 产品，其门数量已经达到千万级，晶体管个数更是超过 10 亿个。一路走来，FPGA 在不断地紧跟并推动着半导体工艺的进步——2001 年采用 150 nm 工艺、2002 年采用 130 nm 工艺，2003 年采用 90 nm 工艺，2006 年采用 65 nm 工艺。

在上世纪 80 年代中期，可编程器件从任何意义上来讲都不是当时的主流，虽然其并不是一个新的概念。可编程逻辑阵列（PLA）在 1970 年左右就出现了，但是一直被认为速度慢，难以使用。1980 年之后，可配置可编程逻辑阵列（PAL）开始出现，可以使用原始的软件工具提供有限的触发器和查找表实现能力。PAL 被视为小规模/中等规模集成胶合逻辑的替代选择被逐步接受，但是当时可编程能力对于大多数人来说仍然是陌生和具有风险的。20世纪80年代在"megaPAL"方面的尝试使这一情况更加严重，因为"megaPAL"在功耗和工艺扩展方面有严重的缺陷，限制了它的广泛应用。

然而，Xilinx公司创始人之一——FPGA的发明者RossFreeman认为，对于许多应用来说，如果实施得当的话，灵活性和可定制能力都是具有吸引力的特性。也许最初只能用于原型设计，但是未来可能代替更广泛意义上的定制芯片。事实上，正如Xilinx公司亚太区营销董事郑馨南所言，随着技术的不断发展，FPGA由配角到主角，很多系统设计都是以FPGA为中心来设计的。FPGA走过了从初期开发应用到限量生产应用再到大批量生产应用的发展历程。从技术上来说，最初只是逻辑器件，现在在强调平台概念，加入数字信号处理、嵌入式处理、高速串行和其他高端技术，从而被应用到更多的领域。90年代以来的20年间，PLD产品的终极目标一直瞄准速度、成本和密度三个指标，即构建容量更大、速度更快和价格更低的FPGA，让客户能直接享用。Actel公司总裁兼首席执行官JohnEast如此总结可编程逻辑产业的发展脉络。

当1991年Xilinx公司推出其第三代FPGA产品——XC4000系列时，人们开始认真考虑可编程技术了。XC4003包含44万个晶体管，采用0.7 μm工艺，FPGA开始被制造商认为是可以用于制造工艺开发测试过程的良好工具。事实证明，FPGA可为制造工业提供优异的测试能力，FPGA开始用来代替原先存储器所扮演的用来验证每一代新工艺的角色。最新工艺的采用为FPGA产业的发展提供了机遇。

Actel公司相信，Flash将继续成为FPGA产业中重要的一个增长领域。Flash技术有其独特之处，能将非易失性和可重编程性集于单芯片解决方案中，因此能提供高成本效益，有利于抢占庞大的市场份额。Actel以Flash技术为基础的低功耗IGLOO系列、低成本的ProASIC3系列和混合信号Fusion FPGA将因具备Flash的固有优势而继续引起全球广泛的兴趣和注意。

Altera公司估计可编程逻辑器件市场在2006年的规模大概为37亿美元，Xilinx公司的估计更为乐观一些，为50亿美元。虽然两家公司合计占据该市场90%的市场份额，但是作为业界老大的Xilinx公司在2006年的营收不过18.4亿美元，Altera公司则为12.9亿美元。PLD市场在2000年达到41亿美元，其后两年出现了下滑，2002年大约为23亿美元。虽然从2002年到2006年，PLD市场每年都在增长，复合平均增长率接近13%，但是PLD终究是一个规模较小的市场。而Xilinx公司也敏锐地意识到，FPGA产业在经历了过去几年的快速成长后将放慢前进的脚步，那么，未来FPGA产业的出路在哪里？

Altera公司总裁兼首席执行官John Daane认为，FPGA及PLD产业发展的最大机遇是替代ASIC和专用标准产品（ASSP），主要由ASIC和ASSP构成的数字逻辑市场规模大约为350亿美元。由于用户可以迅速对PLD进行编程，按照需求实现特殊功能，与ASIC和ASSP相比，PLD在灵活性、开发成本以及产品及时面市方面更具优势。然而，PLD通常比这些替代方案有更高的成本结构。因此，PLD更适合对产品及时面市有较大需求的应用，以及产量较低的最终应用。PLD技术和半导体制造技术的进步，从总体上缩小了PLD和固定芯片方案的相对成本差，在以前由ASIC和ASSP占据的市场上，Altera公司已经成功地提高了PLD的销售份额，并且今后将继续这一趋势。"FPGA和PLD供应商的关键目标不是简单地增加更多的原型客户，而是向大批量应用最终市场和客户渗透。"John Daane为FPGA产业指明了方向。

1.2 FPGA 与 ASIC、CPLD 的区别

1.2.1 FPGA 与 ASIC

IC 的种类非常多，从完成简单逻辑功能的 IC 到完成复杂系统功能的系统芯片。我们主要介绍两类芯片：可编程逻辑器件 PLD 和专用集成电路 ASIC。其中可编程逻辑器件按其规模可划分为低密度可编程逻辑器件和高密度可编程逻辑器件，FPGA 是高密度可编程逻辑器件。

与通用 IC 不同的是，这两类芯片都可以根据用户的需要实现特殊功能。其中，ASIC 是为用户定制的芯片，需要经过 ASIC 厂家生产，它可以完成非常复杂的系统功能，芯片的规模也可以非常大。与通用集成电路相比，ASIC 在构成电子系统时具有以下几个方面的优越性：

（1）缩小系统的体积、减轻系统重量、降低系统功耗和提高系统性能。

（2）提高可靠性，用 ASIC 芯片进行系统集成后，外部连线减少，因而可靠性明显提高。

（3）可增强保密性，电子产品中的 ASIC 芯片对用户来说相当于一个"黑匣子"，难于仿造。

（4）在大批量应用时，可显著降低成本。

PLD 也可以根据用户的需要完成特殊的功能，其中低密度可编程逻辑器件只能完成简单的逻辑功能，而高密度逻辑可编程器件如 CPLD 和 FPGA 则可以实现非常复杂的系统功能。与 ASIC 不同的是，PLD 可在市面上直接购买，其实现功能可以在现场进行修改，而 ASIC 一旦生产就不能修改了。FPGA 的主要用途有两个方面：

（1）作为 ASIC 设计的快速原型系统。生产 ASIC 的费用非常昂贵，其中包含了两个费用：一是设计 ASIC 的工具费用；另外就是 ASIC 中不可回归的工程费用，即通常所言的 NRE（Nonrecurring Engineering）费用。正如前面所言，ASIC 一旦生产，就不能再进行修改，设计中任何微小的错误都可能导致 ASIC 的失败，如果修改后重新投片，需要向 ASIC 厂家再支付一笔 NRE。因此，许多 ASIC 设计人员在流片之前，先用 FPGA 系统验证 ASIC 设计。与流片费用相比，购买 FPGA 的价格要低得多。另外，如果购买了某个厂家的 FPGA，FPGA 的供应商会提供相应的开发系统。从经济角度讲，FPGA 的开发费用要小得多。但是，如果 ASIC 用量非常大，NRE 费用平摊到每个芯片上时，ASIC 单片价格就比购买 FPGA 的价格更低，因此，在大批量使用时，一般采用 ASIC 而不是 FPGA。

（2）验证新算法的物理实现。很多应用场合，设计人员提出一些新的算法，为了验证算法在硬件上的可实现性和算法正确性，通常也用 FPGA 作为实现的一种载体。

随着半导体工艺的进步，FPGA 厂家也在生产一些比较廉价的 FPGA，因此在使用数量不多的时候，也可以考虑用 FPGA 而不使用 ASIC。此外，由于电子产品更新换代的速度加快，许多产品为了快速占领市场，也在大量使用 FPGA。

1.2.2 FPGA 与 CPLD

CPLD 和 FPGA 都是由可编程的逻辑单元、I/O 块和互连资源三个部分组成。I/O 块功能基本相同，而其他两个部分则有所区别。

除了 Actel 的 FPGA，其他的 FPGA 和 CPLD 的逻辑单元的结构均由与阵列、或阵列和

可配置的输出宏单元组成。

FPGA 的逻辑单元是小单元，每个单元只有 1 或 2 个触发器，其输入变量通常只有几个，采用查表的结构。这样的结构占用的芯片的面积小、速度高，每个 FPGA 芯片上能集成的单元数目多，但是每个逻辑单元实现的功能少，因此，我们也把 FPGA 称为细粒度结构。实现一个复杂的逻辑函数时，需要用到多个逻辑单元，输入到输出的延时大，互连关系比较复杂。

CPLD 的逻辑单元是大单元，通常其输入变量的数目可以达到 20~28 个，我们称之为粗粒度结构。因为变量多，所以只能采用 PAL 结构。这样一个单元内可以实现复杂的逻辑功能，因此实现复杂的逻辑函数时，CPLD 的互连关系比较简单，一般通过总线就可以实现互连。CPLD 的大单元使用互连矩阵，总线上任意一对输入端之间的延时相等，因此，其延时是可预测的。而 FPGA 的小单元使用直接连接、长线连接和分段连接等不同类型的互连，互连结构复杂，延时不易确定。

如何在 CPLD 和 FPGA 之间进行选择呢？实际上主要还是取决于设计项目的需要。表 1.1 对 FPGA 和 CPLD 的一些主要特性做了简要的比较，以供参考。

表 1.1　CPLD 和 FPGA 的比较

主要特性	CPLD	FPGA
结构	类似 PAL	类似门阵
速度	快、可预测	取决于应用
密度	低等到中等	中等到高
互连	纵横	路径选择
功耗	高	低

1.3　FPGA 工作原理

FPGA 采用了逻辑单元阵列 LCA（Logic Cell Array）这样一个概念，内部包括可配置逻辑模块 CLB（Configurable Logic Block）、输入输出模块 IOB（Input Output Block）和内部连线（Interconnect）三个部分。

1.3.1　FPGA 的基本特点

FPGA 的特点包括：

（1）采用 FPGA 设计 ASIC 电路（特定用途集成电路），用户不需要投片生产，就能得到适合使用的芯片。

（2）可做其他全定制或半定制 ASIC 电路的中试样片。

（3）内部有丰富的触发器和 I/O 引脚。

（4）是 ASIC 电路中设计周期最短、开发费用最低、风险最小的器件之一。

（5）采用高速 CHMOS 工艺，功耗低，可以与 CMOS、TTL 电平兼容。

可以说，FPGA 芯片是小批量系统提高系统集成度和可靠性的最佳选择之一。

FPGA 是由存放在片内 RAM 中的程序来设置其工作状态的，因此，工作时需要对片内的 RAM 进行编程。用户可以根据不同的配置模式，采用不同的编程方式。

加电时，FPGA 芯片将 EPROM 中的数据读入片内编程 RAM 中，配置完成后，FPGA 进入工作状态。掉电后，FPGA 恢复成白片，内部逻辑关系消失，因此，FPGA 能够反复使用。FPGA 的编程无须专用的 FPGA 编程器，采用通用的 EPROM、PROM 编程器即可。当需要修改 FPGA 功能时，只需换一片 EPROM。这样，同一片 FPGA 加载不同的编程数据，可以产生不同的电路功能。因此，FPGA 的使用非常灵活。

1.3.2　FPGA 配置模式

FPGA 有多种配置模式：并行主模式为一片 FPGA 加一片 EPROM 的方式；主从模式可以支持一片 PROM 编程多片 FPGA；串行模式可以采用串行 PROM 编程 FPGA；外设模式可以将 FPGA 作为微处理器的外设，由微处理器对其编程。

如何实现快速的时序收敛、降低功耗和成本、优化时钟管理并降低 FPGA 与 PCB 并行设计的复杂性等问题，一直是采用 FPGA 的系统设计工程师需要考虑的关键问题。如今，随着 FPGA 向更高密度、更大容量、更低功耗和集成更多 IP 的方向发展，系统设计工程师在从这些优异性能获益的同时，不得不面对由于 FPGA 前所未有的性能和能力水平而带来的新的设计挑战。

例如，领先 FPGA 厂商 Xilinx 最近推出的 Virtex-5 系列采用 65 nm 工艺，可提供高达 33 万个逻辑单元、1 200 个 I/O 和大量硬 IP 块。超大的容量和密度使复杂的布线变得更加不可预测，由此带来更严重的时序收敛问题。此外，针对不同应用而集成的更多的逻辑功能、DSP、嵌入式处理和接口模块，也让时钟管理和电压分配问题变得更加困难。

幸运的是，FPGA 厂商、EDA 工具供应商正在通力合作解决 65 nm FPGA 独特的设计挑战。不久以前，Synplicity 与 Xilinx 宣布成立超大容量时序收敛联合工作小组，旨在最大限度地帮助系统设计工程师以更快、更高效的方式应用 65 nm FPGA 器件。设计软件供应商 Magma 推出的综合工具 Blast FPGA 能帮助建立优化的布局，加快时序的收敛。

最近 FPGA 的配置方式已经多元化。

1.4　FPGA 设计流程与设计方法

基于 FPGA 的设计是指用 FPGA 器件做载体，借助于设计自动化（Electronic Design Automation，EDA）工具，实现有限功能的数字系统设计，FPGA 的设计过程就是从系统功能到具体实现之间若干次变换的过程。FPGA 设计需要按照一定的设计流程进行，在流程的某些环节，需要遵循一定的原则和规定。为了对基于 FPGA 设计有一个粗略上的认识，我们简要介绍一下通用的 FPGA 设计流程，如图 1.1 所示。

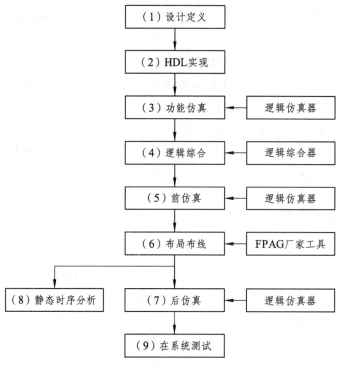

图 1.1　FPGA 设计流程

说明：

（1）逻辑仿真器主要指 Modelsim，Verilog-XL 等。

（2）逻辑综合器主要指 LeonardoSpectrum、Synplify、FPGA Express/FPGA Compiler 等。

（3）FPGA 厂家工具指的是如 Altera 的 Max+PlusII、QuartusII，Xilinx 的 Foundation、Alliance、ISE4.1 等。

1.4.1　关键步骤的实现

1. 功能仿真

功能仿真的流程如图 1.2 所示。其中"调用模块的行为仿真模型"，指的是 RTL 代码中引用的由厂家提供的宏模块/IP，如 Altera 提供的 LPM 库中的乘法器、存储器等部件的行为模型。

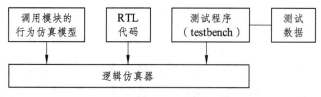

图 1.2　功能仿真流程图

2. 逻辑综合

逻辑综合的流程如图 1.3 所示。其中"调用模块的黑盒子接口"的导入，指的是由于 RTL

代码调用了一些外部模块，而这些外部模块不能被综合或无需综合，但逻辑综合器需要其接口的定义来检查逻辑并保留这些模块的接口。

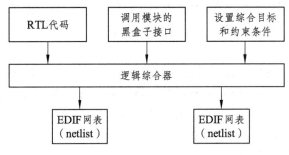

图 1.3　逻辑综合流程图

3. 前仿真

一般来说，对 FPGA 设计这一步可以跳过不做，但可用于检查综合有无问题。

4. 布局布线

布局布线的流程如图 1.4 所示。

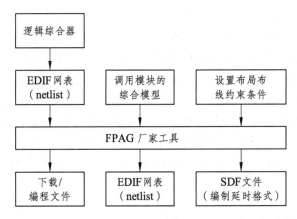

图 1.4　布局布线流程图

5. 后仿真

后仿真的流程如图 1.5 所示。

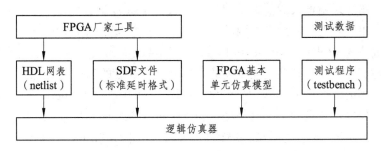

图 1.5　后仿真流程图

1.4.2　自顶向下和自底向上

随着微电子技术的快速发展，深亚微米的工艺可以使一个芯片上集成数以千万计，甚至上亿的晶体管，单个芯片上就可以实现复杂系统，即所谓的片上系统。在这种情况下，传统的自底向上的设计方法已经不能适应当代的设计要求，而自顶向下的设计方法已经成为业界的主流设计方法。

在 EDA 工具出现以前，人们采用自底而上的设计方法设计集成电路。在这种设计方法中，功能设计是自顶向下的，即提出所设计电路要完成的功能，然后进行行为级描述，RTL级设计、逻辑设计和版图设计。具体的实现过程则正好相反，从最底层的版图开始，然后是逻辑设计，直到完成所设计电路的功能。

这种设计方法的缺点是：效率低、设计周期长、设计质量难以保证、可适用于小规模电路设计。

自顶向下的设计方法是和 EDA 工具同步发展起来的，借助于 EDA 工具可以实现从高层次到低层次的变换，无论是功能设计和具体实现都是自顶向下的。FPGA 设计流程就是典型的自顶向下设计方法（图 1.18）的一个体现。在这个设计流程中，设计人员从制定系统的规范开始、依次进行系统级设计和验证、模块级设计和验证、设计综合和验证、布局布线和时序验证、最终在载体上实现所设计的系统。

自顶向下的设计方法的优点是显而易见的，在整个设计过程中，借助于 EDA 仿真工具可以及时发现每个设计环节的错误，进行修正，可最大限度地避免把错误带入后续的设计环节中。另外由于在自顶向下的设计方法中用硬件描述语言作为设计输入，改变了传统的电路设计方法，是 EDA 技术一次巨大进步。它可以在系统级、行为级、寄存器传输级、逻辑级和开关级等五个不同的抽象层次描述一个设计，设计人员可以在较高层次的寄存器传输级描述设计，不必在门级原理图层次上描述电路。由于摆脱了门级电路实现细节的束缚，设计人员可以把精力集中于系统的设计与实现方案上，一旦方案成熟，那么就可以以较高层次描述的形式输入计算机，由 EDA 工具自动完成整个设计。这种方法大大缩短了产品的研制周期、极大地提高了设计的效率和产品的可靠性。

1.4.3　基于 IP 核的设计

由于芯片的集成度变得越来越高，设计的难度也变得越来越大，设计代价事实上主导了芯片的代价。如何提高设计效率，最大限度地缩短设计周期，使产品快速上市是设计人员面临的最重要的问题。采用他人成功的设计是解决这个问题的有效方法。

所谓设计重用实际上包含两个方面的内容：设计资料重用和生成可被他人重用的设计资料。前者通常被称为 IP 重用（IP Reuse），而后者则涉及如何去生成 IP 核。设计资料内不仅仅包含一些物理功能和技术特性，更重要的是包含了设计者的创造性思维，具有很强的知识内涵。这些资料因而也被称为具有知识产权的内核（Intellectual Property Core），简称 IP 核，它们通常实现比较复杂的功能，且已经经过验证，可以被设计人员直接采用。

一般来讲，IP 核有三种表现形式：软核（Soft-Core）、固核（Firm-Core）和硬核（Hard-Core）。

（1）软核：软核以硬件描述语言 Verilog 或 VHDL 语言代码的形式存在，软核功能的验证通常是通过时序模拟。软核不依赖于任何实现工艺或实现技术，具有很大的灵活性。设计者可以方便地将其映射到自己所使用的工艺上去，可重用性很高。

（2）硬核：以集成电路版图（Layout）的形式提交，并经过实际工艺流片验证。显然，硬核强烈地依赖于某一个特定的实现工艺，而且在具体的物理尺寸，物理形态及性能上具有不可更改性。

（3）固核：处于软核和硬核之间的固核以电路网表（Netlist）的形式提交，并通常采用硬件进行验证。硬件验证的方式有很多种，比如可以采用可编程器件（如 FPGA、EPLD）进行验证，采用硬件仿真器（Hardware Emulator）进行验证等。

不同的 FPGA 厂商在其不同的 FPGA 系列中都具有嵌入式的 IP 核，这些核可能是硬核（如锁相环），也可能是可配置的软核。用户可以根据设计需求，直接使用这些 IP 核，借助于这些 IP 核，用户可以加快设计进度，提高设计效率和设计可靠性。

1.5 主要 FPGA/CPLD 厂家

FPGA 由于开发周期短、功能强、可靠性高和保密性好等特点广泛应用于各个领域。FPGA 应用领域的不断扩大和半导体加工工艺的不断进步，也促进了 FPGA 的快速发展，其中 Altera 和 Xilinx 公司的产品占到整个 FPGA/CPLD 市场的 80%。Actel 虽然规模较小，但是由于它提供了反熔丝 FPGA，保密性和可靠性非常好，因此，在航空和军品领域占有很大的市场。

（1）Altera 公司：世界最大的 CPLD/FPGA 供应厂家之一，是结构化 ASIC 的首创者。其产品包括 FPGA 系列、CPLD 系列和结构化 ASIC 系列。FPGA 系列有：Stratix II、Stratix、CycloneII、Cyclone、StratixGX、APEX II、APEX 20K、Mercury、FLEX 10K、ACEX 1K、FLEX 6000；CPLD 系列 MAX 7000，MAX 3000A 和 MAX 7000；结构化 ASIC 包括 hardcopy Stratix 系列和 hardcopy Flex 20K 系列。Altera 的开发集成环境是 MAX+PLUS II 和 Quartus II，其中 Quartus II 是 Altera 最新推出的集成环境，与第三方软件工具无缝连接，支持 Altera 所有产品的开发。

（2）Xilinx 公司：Xilinx 公司是 FPGA 的发明者。其产品种类较多，主要有：XC9500/4000、Coolrunner（XPLA3）、Spartan、Virtex 等系列。其中 2002 年推出 Virtex-II Pro 系列是 Xilinx 公司自 1984 年发明 FPGA 以来所推出的最重要产品之一，支持芯片到芯片、板到板、机箱到机箱，以及芯片到光纤应用，将可编程技术的使用模式从逻辑器件层次提升到系统一级。Xilinx 的软件集成环境是 foundation 和 ISE，其中 ISE 为最新推出的集成环境，将逐步取代 foundation。另外，Xilinx 公司还提供免费的开发软件 IEWEBPACK，其功能比 ISE 少些，可直接从网上下载。

（3）Actel 公司：产品包括反熔丝和 Flash 两类 FPGA。其中 Flash 产品包括 ProASICPLus 和 ProASIC；基于反熔丝的产品包括：Axcelerator SX-A/SX EX 和 MX。Actel 的产品由于抗辐射、耐高低温、功耗低、速度快，保密性强等特点，所以被应用在军品和宇航领域。Actel 软件集成环境是 Libero，集成了针对 FPGA 结构而开发 Syncity 软件，综合效率非常高。

（4）lattice 公司：Vantis Lattice 是 ISP（In-System Programmability）技术的发明者，ISP 技术极大地促进了 PLD 产品的发展，与 Altera 和 Xilinx 相比，其开发工具比 Altera 和 Xilinx

略逊一筹。Lattice 公司中小规模 PLD 比较有特色，大规模 PLD 的竞争力不够强（没有基于查找表技术的大规模 FPGA），主要产品有 ispLSI2000/5000/8000、MACH4/5 等。

1.6 FPGA 的应用

微处理器采用通用设计，必须按照时钟的节拍，逐条取指、译指、执行，大多用于低速、实时性要求不高的场合，例如石油探测。FPGA 应用场合相当多，特别是在高速的、实时性强并对时间要求相当苛刻的场合，有很强的数据处理能力，例如无线通信、雷达探测等。以下介绍 FPGA 的一些典型应用。

1. 典型应用一：接口逻辑控制——提供前所未有的灵活性

（1）PCI、PCI Express、PS/2、USB 等接口控制器。
（2）SDRAM、DDR、SDRAM、QDR、SRAM、NAND Flash、NOR Flash 等接口控制器。
（3）电平转换，LVDS、TTL、COMS、SSTL 等。

2. 典型应用二：高速的数字信号处理——提供前所未有的计算能力

（1）无线通信领域，如软件无线电（SDR）。
（2）视频图像处理领域，如高清晰数字电视（HDTV）。
（3）军事和航空航天领域，如雷达声纳、安全通信。

3. 其他应用领域

（1）汽车，如网关控制器、车用 PC、远程信息处理系统等。
（2）消费产品，如显示器/投影仪、数字电视和机顶盒、家庭网络等。
（3）医疗，如电疗、血液分析仪、医疗检测设备等。
（4）通信设备，如蜂窝基础设施、宽带无线通信、软件无线电等。
（5）测试与测量，如通信测试与监测、半导体、自动测试设备、通用仪表等。

在上面介绍的 FPGA 流程中，许多步骤都是借助于 EDA 工具完成的，如综合、布局布线、仿真等阶段都有相应的 EDA 工具。FPGA 的广泛应用和推广与 EDA 工具的迅速发展密不可分。

1.7 EAD 技术

电子设计自动化（EDA）技术是指以计算机为基本工作平台完成电子系统自动设计的技术。EDA 工具是融合了图形学、电子学、计算机科学、拓扑学、逻辑学和优化理论等多学科的研究成果而开发的软件系统。借助于 EDA 工具，电子设计工程师可以利用计算机完成包括产品规范定义、电路设计和验证、性能分析、IC 版图或 PCB 版图在内的整个电子产品的开发过程。EDA 工具的发展极大地改变了电子产品的设计方法、验证方法、设计手段，大幅度地提高了电子产品的设计效率和可靠性。

EDA 工具最早是在 20 世纪 70 年代初出现的，那时集成电路也刚出现不久。当时的集成电路比较简单，只能完成简单的逻辑功能，如前面提及的 TI 公司的 7400 系列。这些 IC 从设计到最后版图完成的整个过程都是通过手工设计完成的。最大的问题就是人们无法对非线性元件的行为进行精确的预测。因此，在设计规模增大后，往往是第一个原型芯片不能很好地工作，需要对设计进行多次修改，直到设计出的 IC 完全符合要求为止。为了解决这个问题，加州 Berkeley 大学推出了计算机仿真程序 SPICE，这个程序可以说是 EDA 技术的基础。SPICE 是非常重要的仿真工具，现在还是模拟电路设计中不可缺少的工具之一。SPICE 的出现极大地提高了电路设计的效率，它可以仿真包括非线性元件在内的电路网络，并可预测电路随时间变化的频率特性。

计算机辅助设计（Computer Aided Design，CAD）工具最初是为机械和结构工程而开发的，但是很快人们便发现这些工具可用于任意的几何设计。利用 CAD 工具，设计人员可以方便地输入、修改和存储多边形数据，然后通过机械光系统或电子束将这些多边形数据转换成物理图像（即所谓的掩模）。

在 70 年代，除了仿真工具外，其他比较重要的 EDA 工具主要是用于检查版图几何尺寸的设计规则检验（DRC）和版图参数提取，这些物理设计工具的出现将设计人员从繁琐而费时的后端设计中解放出来，极大地提高了 IC 设计的效率。

在 80 年代，半导体技术发展很快，已经可以在一个芯片上集成上万门的电路，70 年代的 EDA 工具已不能适应这么大规模的 IC 设计。所幸的是这个时期的计算机技术也有了很大的发展，高性能的工作站和软件图形界面开发为 EDA 工具的发展奠定了很好的基础。这个阶段的主要 EDA 工具包括：

（1）原理图编辑器：最初人们用网表描述一个设计，网表中包含了一个设计所有的元件和元件之间的互连关系。由于网表的数据量小又包含了设计的所有信息，因此非常适合存储，但是网表描述形式不利于设计人员对电路的理解。80 年代推出了原理图编辑器，这种编辑器一经推出，便因其直观、易于理解的特点而受到设计人员的欢迎。

（2）自动布局布线工具：自动确定芯片上元件的位置和元件之间互连的工具，该工具的出现极大地提高了布线的效率。

（3）逻辑仿真工具：这类仿真器将信号离散化，内建延时模型，根据电路自动计算出延时，其仿真的速度远远高于 SPICE。

这个时期的其他 EDA 工具包括逻辑综合工具（允许用户将网表映射到不同的工艺库中）、印刷电路板布图工具等，使得设计自动化的程度进一步提高，从而实现从设计输入到版图输出的全设计流程的自动化。

20 世纪 80 年代，一些研究人员提出从设计描述开始，如布尔表达式或寄存器传输级的描述，自动完成集成电路设计过程中的所有步骤，直到最后生成版图的设想。有少数几所大学在逻辑设计自动化的算法方面做了大量研究。但是这个设想一开始并没有取得很好的效果，直到硬件描述语言标准化之后，一些 EDA 厂家在这些描述语言（如 Verilog 和 VHDL 语言）基础上开发了实现设计自动变换（即从设计输入到网表变换）的逻辑综合工具，才真正地实现了这个目标。

目前比较成功的 IC 综合工具是 Synopsys 公司的设计编译器 DC（Design Compiler），早期的 DC 综合出的电路性能不是非常优化，存在不少的缺点，综合效率也比较低。经过不断的改进，DC 目前已经普遍被业界所接受。主要的原因是 90 年代中后期，各个高校开设了 Verilog 和 VHDL 语言的课程，新一代的设计工程师习惯用语言而不是电路图描述电路，另外一个原因是半导体工艺快速发展，设计规模变得非常大，功能也非常复杂，传统的电路图设计方法已经不可能适应当代的设计要求。自动综合工具的开发无疑是 EDA 工具历史上一次非常重要的革命，它彻底改变了人们的设计方法，极大地提高了设计效率。

随着 FPGA 的迅速发展，针对具体 FPGA 结构特点的综合工具也有不少面世，其中 Synplicity 就是一个典型的代表。Synplicity 是专门针对 FPGA 的综合工具，它可以根据 FPGA 的特点，产生最佳的综合效果，目前已经有多家 FPGA 厂家将该工具集成到其开发环境中。

除了综合工具，验证工具也在 90 年代后得到了迅猛的发展。系统建模工具、静态时序分析工具，等价性检验、模型检验等形式化工具也成为设计工程师完成设计的重要辅助手段。

简言之，EDA 工具经过 30 多年的发展，已经成为硬件设计工程师必不可少的设计手段。随着各个学科的不断进步，EDA 工具将有更大的发展。

1.8　本书的编排

全书分为 8 章。第 1 章简要介绍 FPGA 的发展、相关的编程技术、可编程逻辑器件的基本结构以及 FPGA 的设计流程和 EDA 工具；第 2 章介绍 FPGA 的硬件描述语言 Verilog HDL；第 3 章讨论验证电路的一些方法以及如何编写电路的测试程序，简单介绍了静态时序分析的一些基本概念；第 4 章介绍 Modelsim 仿真调试工具；第 5 章介绍 Quartus II 集成环境以及使用；第 6 章主要讨论可综合代码书写风格、模块划分原则以及同步电路设计的一些基本原则等；第 7 章介绍 FPGA 设计的关键技术——有限状态机的设计；第 8 章给出了 6 个 FPGA 设计实例。

第2章　Verilog HDL 的基础知识

第 1 章大家已经了解了什么是 FPGA、FPGA 的工作原理及设计流程，但是 FPGA 设计使用什么语言来实现，可能很多读者并不清楚。本章将给大家介绍一种 FPGA 编程语言——VerilogHDL 语言。从学习的角度来讲，VerilogHDL 可以快速上手、易于使用，得到了很多工程师和学校学生的青睐。

2.1　硬件描述语言（HDL）概述

硬件描述语言（Hardware Description Language，HDL）是硬件设计人员和电子设计自动化（EDA）工具之间的沟通媒介。其主要目的是用来编写设计文件，建立电子系统行为级的仿真模型。即利用计算机的巨大能力对用 Verilog HDL 或 VHDL 建模的复杂数字逻辑进行仿真，然后再自动综合以生成符合要求且在电路结构上可以实现的数字逻辑网表（Netlist），根据网表和某种器件的工艺自动生成具体电路，然后生成该工艺条件下具体电路的延时模型。仿真验证无误后，用于制造 ASIC 芯片或写入 EPLD 和 FPGA 器件中。

在 EDA 技术领域中把用 HDL 语言建立的数字模型称为软核（SoftCore），把用 HDL 建模和综合后生成的网表称为固核（Hard Core），对这些模块的重复利用缩短了开发时间，提高了产品开发率，也提高了设计效率。

随着 PC 平台上 EDA 工具的发展，PC 平台上的 Verilog HDL 和 VHDL 仿真综合性能已相当优越，这就为大规模普及这种新技术铺平了道路。目前国内只有少数重点设计单位和高校有一些工作站平台上的 EDA 工具，而且大多数只是做一些线路图和版图级的仿真与设计，只有个别单位展开了利用 Verilog HDL 和 VHDL 模型（包括可综合和不可综合的）进行复杂数字逻辑系统的设计。随着电子系统向集成化、大规模、高速度的方向发展，HDL 语言将成为电子系统硬件设计人员必须掌握的语言。

2.1.1　硬件描述语言的优越性

传统的用原理图设计电路的方法已逐渐消失，取而代之，HDL 语言正被人们广泛接受，出现这种情况有以下几点原因：

电路设计将继续保持向大规模和高复杂度发展的趋势。90 年代，设计的规模已达到百万门的数量级。作为科学技术大幅度提高的产物，芯片的集成度和设计的复杂度都大大增加，芯片的集成密度已达到 1 000 000 个晶体管以上，为使如此复杂的芯片变得易于人脑的理解，用一种高级语言来表达其功能而隐藏具体实现的细节是很必要的。这也就是在大系统程序编写中高级程序设计语言代替汇编语言的原因。工程人员将不得不使用 HDL 进行设计，而把具体实现留给逻辑综合工具去完成。

电子领域的竞争越来越激烈。刚刚涉入电子市场的成员要面对巨大的压力，这就需要提高逻辑设计的效率，降低设计成本，更重要的是缩短设计周期。多方位的仿真可以在设计完成之前检测到错误，减少设计重复的次数。因此，有效的 HDL 语言和计算机仿真系统在将设计错误的数目减少到最低限方面起到不可估量的作用，并使第一次投片便能成功实现芯片功能成为可能。

另外，硬件描述语言也使探测各种设计方案将变成一件很容易、很便利的事情，因为针对不同设计方案只需要对描述语言进行修改，这比更改电路原理图原型要容易实现得多。

2.1.2 硬件描述语言的发展历史

早期的集成电路设计实际上就是掩模设计，电路的规模非常小，电路的复杂度也很低，工作方式主要依靠手工作业和个体劳动。40 年后的今天，超大规模集成电路（VLSI）的电路规模都在百万门量级。由于集成电路大规模、高密度、高速度的需求，使电子设计愈来愈复杂，为了完成 10 万门以上的设计，需要制定一套新的方法，即采用硬件描述语言设计数字电路。HDL（Hardware Description Language）于 1992 年由 Iverson 提出，随后许多高等学校、科研单位、大型计算机厂商都相继推出了各自的 HDL，但最终成为 IEEE 技术标准的仅有两个，即 VHDL 和 Verilog HDL。Verilog HDL 语言提供非常简洁，可读性很强的句法，使用 Verilog HDL 语言已经成功地设计了许多大规模的集成电路。

Verilog HDL 是在 1983 年，由 GDA（Gate Way Design Automation）公司的 Phil Moorby 首创的。Phil Mooby 后来成为 Verilog-XL 的主要设计者和 Cadence 公司（Cadence Design System）的第一个合伙人。在 1984—1985 年 Moorby 设计出第一个关于 Verilog-XL 的仿真器，1986 年他对 Verilog HDL 的发展又做出另一个巨大贡献，提出了用于快速门级仿真的 XL 算法。

随着 Verilog-XL 算法的成功，Verilog HDL 语言得到迅速发展。1989 年，Cadence 公司收购了 GDA 公司，Verilog HDL 语言成为 Cadence 公司的私有财产。1990 年，Cadence 公司公开了 Verilog HDL 语言，成立了 OVI（Open Verilog International）组织来负责 Verilog HDL 的发展。IEEE 于 1995 年制定了 Verilog HDL 的 IEEE 标准，即 Verilog HDL 1364—1995。

1987 年，IEEE 接受 VHDL（VHSICHadeware Description Language）为标准 HDL，即 IEEE1076-87 标准，1993 年进一步修订，定为 ANSI/IEEE1076-93 标准。现在很多 EDA 供应商都把 VHDL 作为其 EDA 软件输入/输出的标准。例如，Cadence、Synopsys、Viewlogic、Mentor Graphic 等厂商都提供对 VHDL 的支持。

2.1.3 HDL 语言的主要特征

（1）HDL 语言既包含一些高层程序设计语言的结构形式，同时也兼顾描述硬件线路连接的具体构件。

（2）通过使用结构级或行为级描述，可以在不同的抽象层次描述设计。HDL 语言采用自顶向下的数字电路设计方法，主要包括三个领域五个抽象层次，如表 2.1 所示。

表 2.1 HDL 抽象层次描述表

抽象层次 ＼ 领域	行为领域	结构领域	物理领域
系统级	性能描述	部件及它们之间的逻辑连接方式	芯片、模块、电路板和物理划分的子系统
算法级	I/O 应答算法级	硬件模块数据结构	部件之间的物理连接、电路板、底盘等
寄存器传输级	并行操作寄存器传输、状态表	算术运算部件、多路选择器、寄存器总线、微定序器、微存储器之间的物理连接方式	芯片、宏单元
逻辑级	用布尔方程叙述	门电路、触发器、锁存器	标准单元布图
电路级	微分方程表达	晶体管、电阻、电容、电感元件	晶体管布图

（3）HDL 语言是并发的，即具有在同一时刻执行多任务的能力。一般来讲，编程语言是非并行的，但在实际硬件中许多操作都是在同一时刻发生的，所以 HDL 语言具有并发的特征。

（4）HDL 语言有时序的概念。一般来讲，编程语言是没有时序概念的，但在硬件电路中从输入到输出总是有延迟存在的，为描述这些特征 HDL 语言需要建立时序的概念。因此，使用 HDL 除了可以描述硬件电路的功能外，还可以描述其时序要求。

2.1.4　Verilog HDL 与 VHDL 的比较

由于 Verilog HDL 早在 1983 年就已推出，至今已有三十多年的历史，因而 Verilog HDL 拥有广泛的设计群体，成熟的资源比 VHDL 丰富。而 Verilog HDL 与 VHDL 相比最大的优点是：它是一种非常容易掌握的硬件描述语言，而掌握 VHDL 设计技术就比较困难。

目前版本的 Verilog HDL 和 VHDL 在行为级抽象建模的覆盖范围方面也有所不同。一般认为 Verilog HDL 在系统抽象方面比 VHDL 强一些。Verilog HDL 较为适合算法级（Alogrithem）、寄存器传输级（RTL）、逻辑级（Logic）、门级（Gate）设计。而 VHDL 更适合特大型的系统级（System）设计。

2.1.5　Verilog HDL 设计流程及设计方法简介

1. 设计流程

Verilog HDL 设计流程如图 2.1 所示。

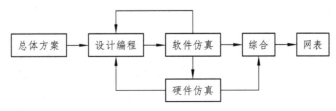

图 2.1　Verilog HDL 设计流程

注：

（1）总体方案是芯片级的。

（2）软件仿真用来检测程序上的逻辑错误。

（3）硬件仿真要根据需要搭成硬件电路，检查逻辑和时序上的错误。使用FPGA（现场可编程门阵列）速度比正常慢10倍以上，而且只能检查逻辑错误，不能检查时序错误。

2. 设计方法

1）自下而上的设计方法

自下而上的设计是一种传统的设计方法，对设计进行逐次划分的过程是从存在的基本单元出发的，设计树最末枝上的单元要么是已经制造出的单元，要么是其他项目已开发好的单元或者是可外购得到的单元。这种设计方法与只用硬件在模拟实验板上建立一个系统的步骤有密切联系。

该方法的优点：

（1）设计人员对这种设计方法比较熟悉。

（2）实现各个子块电路所需的时间短。

该方法的缺点：

（1）一般来讲，对系统的整体功能把握不足。

（2）实现整个系统的功能所需的时间长，因为必须先将各个小模块完成。使用这种方法对设计人员之间的相互协作有比较高的要求。

2）自上而下的设计方法

自上而下的设计是从系统级开始，把系统划分为多个基本单元，然后把每个基本单元划分为下一层次的基本单元，如此这般，直至划分出的基本单元可以直接用EDA元件库中的元件来实现为止。

该方法的优点：

（1）在设计周期开始就做好了系统分析。

（2）由于设计的主要仿真和调试过程是在高层次完成的，所以能够早期发现结构设计上的错误，避免设计工作的浪费，同时也减少了逻辑仿真的工作量。

自顶向下的设计方法方便了从系统划分和管理整个项目，使得几十万门甚至几百万门规模的复杂数字电路的设计成为可能。并可减少设计人员，避免不必要的重复设计，提高了设计的一次成功率。

该方法的缺点：

（1）得到的最小单元不标准。

（2）制造成本高。

3）综合设计方法

复杂数字逻辑电路和系统的设计过程通常是以上两种设计方法的结合。设计时需要考虑多个目标的综合平衡。在上层系统用自上而下的设计方法来实现，而在底层系统使用自下而上的方法从库元件或数据库中调用已有的单元设计。

这种方法兼有两种设计方法的优点，而且可以使用矢量测试库进行测试。

2.1.6　硬件描述语言新的发展

当前 EDA 工具所需解决的问题是如何大幅度提高设计能力，为此出现了一系列对 HDL 语言的扩展。

OO-VHDL（Object-OrietedVHDL），即面向对象的 VHDL，主要是引入了新的语言对象 EntityObject。此外，OO-VHDL 中的 Entity 和 Architecture 具备了继承机制，不同的 EntityObject 之间可以用消息来通信。因而 OO-VHDL 通过引入 EntityObject 作为抽象、封装和模块性的基本单元，解决了 VHDL 在抽象性的不足和在封装性上能力不强等问题，也通过其继承机制解决了实际设计中的一些问题。且由于 OO-VHDL 模型的代码比 VHDL 模型缩短 30% ~ 50%，缩短了开发时间，提高了设计效率。

杜克大学发展的 DE-VHDL（Duke Extended VHDL）通过增加 3 条语句，使设计者可以在 VHDL 描述中调用不可综合的子系统（包括连接该子系统和激活相应功能）。杜克大学用 DE-VHDL 进行一些多芯片系统的设计，极大地提高了设计能力。

1998 年通过了 Verilog HDL 新标准，将把 Verilog HDL-A 并入 Verilog HDL 设计中，使其不仅支持数字逻辑电路的描述，还支持模拟电路的描述，因而在混合信号电路设计中得到广泛的应用。在亚微米和深亚微米 ASIC 及高密度 FPGA 中，Verilog HDL 的发展前景很大。

2.2　程序结构

作为高级语言的一种，Verilog 语言以模块集合的形式来描述数字系统，其中每一个模块都有接口部分，用来描述与其他模块之间的连接。一般说来，一个文件就是一个模块，但并不绝对如此。这些模块是并行运行的，但通常用一个高层模块来定义一个封闭的系统，包括测试数据和硬件描述，这一高层模块将调用其他模块的实例。

模块代表硬件上的逻辑实体，其范围可以从简单的门到整个系统，比如一个计数器、一个存储子系统、一个微处理器等。模块可以根据描述方法的不同定义成行为型或结构型（或者是二者的组合）。行为型模块通过传统的编程语言结构定义数字系统（模块）的状态，如使用 if 条件语句、赋值语句等。结构型模块将数字系统（模块）的状态表达为具有层次概念的互相连接的子模块。其最底层的元件必须是基元或已定义过的行为型模块。Verilog 的基元包括门电路，如与非门和传输二极管（开关）。

模块的结构如下：

```
module<模块名>( <端口列表> );
    <定义>
    <模块条目>
endmodule
```

其中，<模块名>是模块唯一性的标识符；<端口列表>是输入、输出和双向端口的列表，这些端口用来与其他模块进行连接；<定义>是一段程序用来指定数据对象为寄存器型、存储器型、线型或过程块（如函数块和任务块）；而<模块条目>可以是 initial 结构、always 结构、连续赋值或模块实例。

下面是一个 NAND 与非模块的行为型描述，输出 out 是输入 in1 和 in2 相与后求反的结果。

```
//与非门的行为型描述
module NAND(in1,in2, out);
        input in1, in2;
        output out;
        //连续赋值语句
        assign out = ~(in1&in2);
endmodule
```

in1、in2 和 out 端口指定为线型的。assign 连续赋值语句不间断地监视等式右端变量，一旦其发生变化，右端表达式即重新计算后赋值给等式左端进行输出。

连续赋值语句用来描述组合电路，一旦其输入发生变动，输出也随之而改变。

下例所示是一与门模块的结构型描述，这一与门是通过将一个 NAND 的输出连到另一 NAND 的两个输入上得到的。

```
//由两个 NAND 生成的与门的结构型描述
module AND(in1, in2, out);
    input in1, in2;
    output out;
    wire w1;
    //两个 NAND 模块实例
    NAND NAND1(in1, in2, w1);
    NAND NAND2(w1, w1, out);
endmodule
```

这个模块含有两个 NAND 模块实例，分别是 NAND1 和 NAND2，通过内部连线 w1 连接起来。

调用模块实例的一般形式为：

```
<模块名><参数列表><实例名>  (<端口列表>);
```

在此，<参数列表>是传输到模块实例的参数值。参数传递的典型应用是定义门级延迟。

下面是一个高层模块的例子，在这一模块中设置了测试数据并对变量进行监测。

```
//测试以上两个模块的高层模块
module test_AND;
        reg a,b;
        wire out1, out2;
        initial
```

```
        begin    //测试数据
          a = 0; b = 0;
          #1a = 1;
          #1b = 1;
          #1a = 0;
        end
      initial
        begin //设置监测功能
          $monitor ("Time=%0d a=%b b=%b out1=%b out2=%b",
$time,
          a, b, out1, out2);
        end
    //模块 AND 和 NAND 实例 AND gate1(a, b, out2);
      NAND gate2(a, b, outl);
endmodule
```

应注意的是 a 和 b 的值要保持一定的时间，因此，使用了 1 位寄存器。寄存器型变量存储过程赋值的最终结果（和传统的命令式编程语言相类似）。线型变量则没有存储能力，它们需要被持续驱动，比如用连续赋值语句或由一个模块的输出进行驱动，若线型输入的左端悬空，其值为未知的 x。

连续赋值使用关键词 assign，而过程赋值的形式是<寄存器变量>=<表达式>，其中<寄存器变量>必须是寄存器型或存储器型变量。过程赋值只允许出现在 initial 和 always 结构块中。

initial 结构块中的语句顺序执行，一些语句设定了延迟#1，表示一个仿真时间单位的延迟。always 结构块与 initial 结构块功能相同，但它是无限循环的过程（直到仿真停止）。initial 和 always 结构多用来描述时序逻辑（即有限状态自动控制）。

Verilog 语言中，过程赋值和 assign 连续赋值之间区别很大。过程赋值改变一个寄存器的状态，即时序逻辑；而连续赋值用来描述组合逻辑。连续赋值语句驱动线型变量，输入值一旦发生变化，就重新计算并更新它所驱动的变量。掌握这一区别很有必要。

将这三个模块放到一个文件中，仿真后将产生如下的结果：

```
Time=0 a=0 b=0 out1=1 out2=0
Time=1 a=1 b=0 out1=1 out2=0
Time=2 a=1 b=1 out1=0 out2=1
Time=3 a=0 b=1 out1=1 out2=0
```

在此无循环操作，仿真器执行所有的事件后自行停止，因此不需要指定仿真结束时间。
Verilog 语言的三种描述方法如下：

1. 结构型描述

结构型描述是通过实例进行描述的方法。将 Verilog 预定义的基元实例嵌入到语言中，监控实例的输入，一旦其中任何一个发生变化，便重新运算并输出。

2. 数据流型描述

数据流型描述是一种描述组合功能的方法，用 assign 连续赋值语句来实现。连续赋值语句完成如下的组合功能：等式右边的所有变量受持续监控，每当这些变量中有任何一个发生变化，整个表达式被重新计算并赋值给等式左端。这种描述方法只能用来实现组合功能。

3. 行为型描述

行为型描述是一种使用高级语言的方法，和用软件编程语言描述没有什么不同，具有很强的通用性和有效性。它是通过行为实例来实现的，关键词是 always，其含义是一旦赋值给定，仿真器便等待变量的下一次变化，有无限循环之意。

下面介绍一个使用 Verilog 进行简单设计的实例。

程序如下：

```
module MUX2_1 (out,a,b,se1);      //端口定义
    output out;
    input a,b,se1;                //输入输出列表
    not (sel,sel);
    and (a1,a,sel_);
    and (b1,b,sel);
    or (out,a1,b1);               //结构描述
endmodule
```

对应的硬件电路如图 2.2 所示。

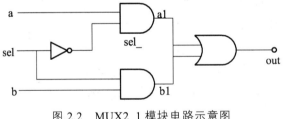

图 2.2　MUX2_1 模块电路示意图

a，b 和 se1 是设备的输入端口，out 是输出端口，所有信号都从这些端口流入和输出。and、or、not 是 Verilog 中预定义好的基元实例，在结构型描述中使用。关键词 module 和 endmodule 之间包含完整的二选一多路选择器的设计实现。当在其他模块中用到这一多路选择器的模块时，只需使用其模块名和所定义的端口名，不需要知道其内部的具体实现。这是自上而下设计方法的一个主要特征，因为一个模块的实现方法可以从行为级转换到门级，而对使用它的高层模块不产生任何影响。

2.3 词法习俗

Verilog HDL 的源文本文件是由一串词法标识符构成的，一个词法标识符包含一个或若干个字符。源文件中这些标识符的排放格式很自由，也就是说，在句法上间隔和换行只是将这些标识符分隔开来，并不具有重要意义，转意（escaped）标识符（见后面的详细说明）除外。

Verilog 语言中词法标识符的类型有以下几种：

（1）间隔符。

（2）注释符。

（3）数值。

（4）字符串。

（5）标识符。

（6）关键词。

接下来对这些标识符一一进行说明。

1. 间隔符

间隔符包括空格字符、制表符、换行以及换页符，这些字符除了起到与其他词法标识符相分隔的作用外可以被忽略，但是在字符串中空白和制表符会被认为是有意义的字符。

2. 注释符

Verilog HDL 有两种注释形式：单行注释和段注释（多行）。单行注释以两个字符"//"起始，以新的一行作为结束；而段注释则是以"/*"起始，以"*/"结束。段注释不允许嵌套。在段注释中单行注释标识符"//"没有任何特殊意义。

3. 数　值

Verilog HDL 的数值集合由以下四个基本的值组成。

0：代表逻辑 0 或假状态；

1：代表逻辑 1 或真状态；

x：逻辑不定态；

z：高阻态。

常数按照其数值类型可以划分为整数和实数两种。

Verilog HDL 的整数可以是十进制、十六进制、八进制或二进制的，格式为：

```
<位宽>'<基数><数值>
```

（1）位宽：描述常量所含位数的十进制整数，是可选项，如果没有这一项，可以从常量的值推断出。

（2）基数：可选项，可以是 b、B、d、D、o、O、h 或 H，分别表示二进制、八进制、十进制和十六进制。基数默认值为十进制数。

（3）数值：是由基数所决定的表示常量真实值的一串 ASCII 码。如果基数定义为 b 或 B，数值可以是 0，1，x，X，z 或 Z。若基数是 o 或 O，数值还可以是 2，3，4，5，6，7。若基数是 h 或 H，数值还可以是 8，9，a，A，b，B，c，C，d，D，e，E，f，F。对于基数为 d 或 D 的情况，数值符可以是任何的十进制数（0~9），但不可以是 X 或 Z。举例如下：

```
15          （十进制 15）
 'h15       （十进制 21，十六进制 15）
5 'b10011   （十进制 19，二进制 10011）
12'h01F     （十进制 31，十六进制 01F）
 'b01x      （无十进制值，二进制 01x）
```

注：

（1）数值常量中的下划线"_"是为了增加可读性，可以忽略，如：8'b1100_0001 是 8 位二进制数。

（2）在给寄存器型数据赋值时，有大小的负数并不使用符号扩展的方法生成。

（3）数值常量中的"？"表示高阻状态，如：2'B1?表示 2 位的二进制数，其中的一位是高阻状态。

Verilog 中实数用双精度浮点型数据来描述。实数既可以用小数（如 12.79）也可以用科学计数法的方式（如 24e7，表示 24 乘以 10 的 7 次方）来表达。带小数点的实数在小数点两侧都必须至少有一位数字。例如：

```
1.2
0.5
128.7496
1.7E8（指数符号可以是 e 或 E）
57.6e-3
0.1e-0
123.374_286_e-9（下划线忽略）
```

下面的几个例子是无效的格式：

```
.25
3.
7.E3
.8e-2
```

实数可以转化为整数，根据四舍五入的原则，而不是截断原则。当将实数赋给一个整数时，这种转化会自行发生。例如，在转化成整数时，实数 25.5 和 25.8 都变成 26，而 25.2 则变成 25。

4. 字符串

字符串常量是一行写在双引号之间的字符序列串。在表达式和赋值语句中，字符串用作算子，且要转换成无符号整型常量，用一串 8 位二进制 ASCII 码的形式表示，每一个 8 位二进制 ASCII 码代表一个字符。例如：字符串"ab"等价于 16'h5758。字符串变量是寄存器型变量，它具有与字符串的字符数乘以 8 相等的位宽。

例如：

存储 12 个字符的字符串"Hello China!"需要 8×12，即 96 位宽的寄存器。

```
reg[8*12:1] str1;
    initial
        begin
            str="Hello China!"
        end
```

使用 Verilog HDL 的操作符可以对字符串进行处理，被操作符处理的数据是 8 位 ASCII 码的顺序。

Verilog 支持 C 语言中的转意符，如\t、\n、\\、\"和 %%等。

5. 标识符、关键字和系统名称

标识符是赋给对象的唯一的名字，用这个标识符来提及相应的对象。标识符可以是字母、数字、$符和下划线的任意组合序列，但它必须以字母（大小写）或下划线开头，不能以数字或$符开头。标识符是区分大小写的，例如：atack_del、clk_inl、_shift3、o$284 等。非法命名如 34net、a*b_net。

逃逸标识符（Escaped identifiers）以反斜杠"\"开始，以空格结束，这种命名可以包含任何可印刷的 ASCII 字符，反斜杠和空格不属于名称的一部分。如：\~#@sel、\{A，B}、\busa+index 等。

关键字是预先定义的非逃逸标识符，用来定义语言结构，所有的关键字都是用小写方式定义的。

系统任务标识符：$<identifier>，其中$表示引入一个语言结构，其后所跟的标识符是系统任务或系统函数的名称。$<identifier>系统任务或系统函数标识符可以在三处进行定义。

（1）$<identifier>系统任务和函数的标准集合。

（2）使用 PLI（Programming Language Interface）定义附加的<identifier>系统任务和函数。

（3）通过软件工具定义附加的<identifier>系统任务和函数。

系统功能可以执行不同的操作，包括：

（1）实时显示当前仿真时间（$time）。

（2）显示/监视信号的值（$display，$monitor）。

（3）暂停仿真（$stop）。

（4）结束仿真（$finish）。

例如：

```
$monitor ($time, "a= %b, b= %h", a, b);
```

每次 a 或 b 信号的值发生变化，这一系统任务的调用负责显示当前仿真时间、二进制格式的 a 信号和十六进制格式的 b 信号。

2.4　数据类型

Verilog HDL 的数据类型集合表示在硬件数字电路中数据进行存储和传输的要素。

Verilog 语言支持抽象数据类型，如整型、实型等；同时也支持物理数据类型，可代表真实的硬件。

2.4.1　物理数据类型

Verilog 中变量的物理数据类型分为线型和寄存器型两种。这两种类型的变量在定义时要设置位宽，默认值为一位。变量的每一位可以是 0、1、X 或 Z。X 代表未被预置初始状态的变量或是因有两个或更多个驱动引起冲突导致状态不确定的线型变量，Z 代表高阻状态或浮空量。

线型数据包括：wire、wand、wor 等几种类型。在被一个以上激励源驱动时，不同的线型数据有各自决定其最终值的分辨办法。

寄存器型数据与线型数据的区别在于：寄存器型数据保持最后一次的赋值，而线型数据需要有持续的驱动。不同数据类型驱动的规则如图 2.3 所示。

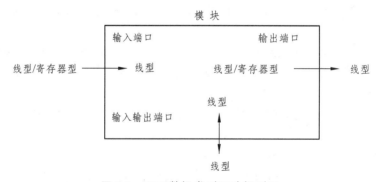

图 2.3　不同数据类型驱动规则图

注：

（1）只能由线型/寄存器型驱动线型。

（2）使用 assign 语句被连续赋值的变量必须是线型的；在 always 或 initial 程序块（行为模块）中用"="赋值的变量必须是寄存器型的。

2.4.2　抽象数据类型

抽象数据类型分以下几种：

1. integer 整型

在算术运算中整型数据被视为二进制补码形式的有符号数，而寄存器型数据被当作无符号数来处理，除此以外整型数据与 32 位寄存器型数据在实际意义上相同。

2. time 时间型

时间型变量与整型相类似，只是它是 64 位的无符号数。

3. real 实型

实型数据在机器码表示法中是浮点型数值。Verilog 提供了将实型数据转换成位矢量以及相反过程的系统功能。

4. event 事件型

它是一种特殊的变量类型，不具有任何值，作用是使模块不同部分的事件在时间上同步。

5. parameter 参数型

参数型数据是被命名的常量，在仿真开始前对其赋值，在整个仿真过程中保持其置不变，数据的具体类型是由所赋的值来决定的。可以用它来定义变量的位宽以及延迟时间等。

2.5 运算符和表达式

Verilog 语言参考了 C 语言中大多数算符的语义和句法，但 Verilog 中没有增 1（＋＋）和减 1（－－）运算符。

1. 算术运算符

在 Verilog HDL 语言中，算术运算符又称为二进制运算符，共有下面几种：

（1）＋：加法运算符，或正值运算符，如 a + b，＋3。

（2）－：减法运算符，或负值运算符，如 a － 3，－3。

（3）*：乘法运算符，如 a*3。

（4）/：除法运算符，如 5/3。

（5）%：模运算符，或称为求余运算符，要求%两侧均为整型数据，如 7%3 的值为 1。

在进行整数除法运算时，结果值要略去小数部分，只取整数部分；而进行取模运算时结果的符号位采用模运算式里第一个操作数的符号位。如表 2.2 所示。

表 2.2　模运算示例

模运算表达式	结果	说明
11%3	2	余数为 2
12%3	0	整除，即余数为 0
－ 10%3	－ 1	结果取第一个操作数的符号位，所以余数是-1

注意：在进行算术运算操作时，如果某一操作数有不确定的值 X，则运算结果也是不定值 X。%算子回送第一个操作数除以第二个操作数的余数。

下面是算术运算符应用的一个例子。

```
module arithmetic(a, b, out1, out2, out3, out4,out5)
    input   [2:0] a, b;
    output [3:0] out1;
    output [4:0] out3;
    output [2:0] out2, out4, out5;
    reg     [3:0] out1;
    reg     [4:0] out3;
    reg     [2:0] out2, out4, out5;

    always@(aorb)
      begin
        out1 = a+b;  //加运算
        out2 = a-b;  //减运算
        out3 = a*b;  //乘法运算
        out4 = a/b;  //除法运算
        out5 = a%b;  //取模运算
      end
endmodule
```

2. 符号运算符

这类运算符只是将正号(+)和负号(–)赋给单个的操作数，通常操作数在定义时是没有符号的，在这种情况下，默认它为正值。

使用符号运算符的例子如下：

```
module sign(a, b, out1, out2, out3);
    input[2:0] a, b;
    output [3:0] out1, out2, out3;
    reg [3:0] out1, out2, out3;

    always @ (a or b)
      begin
        out1 = +a / -b;
        out2 = -a + -b;
        out3 = a* -b;
      end
endmodule
```

3. 关系运算符

关系运算符共有 4 种，如表 2.3 中 1 ~ 4 所示。

表 2.3 关系运算符

序号	关系运算符	说明
1	>	大于
2	>=	大于等于
3	<	小于
4	<=	小于等于
5	==	逻辑相等
6	!=	逻辑不相等
7	===	实例相等
8	!==	实例不相等

在进行关系运算时，如果操作数之间的关系成立，返回值为 1；反之，关系不成立，则返回值为 0；若某一个操作数的值不定，则关系是模糊的，返回值是不定值 X。

关系运算符的使用方法见下例：

```
module relation(a, b, out1, out2, out3, out4);
   input[2:0] a, b;
   output out1, out2, out3, out4;
   regout1, out2, out3, out4;

   always @ (a or b)
     begin
       out1 = a<b;        //小于运算
       out2 = a<= b;      //小于等于运算
       out3 = a>b;        //大于运算
       if(a>= b);         //大于等于运算
         out4 = 1;
       else
         out4 = 0;
     end
endmodule
```

在 Verilog 语言中有 4 种等式运算符，如表 2.3 中 5~8 所示。前二者为逻辑等式运算符，后二者为实例等式运算符，它们对操作数进行比较，然后置一位标志位。二者区别在于，若操作数含有一位 X 或 Z，逻辑算子置位为 X，而实例算子可以比较含有 X 和 Z 的操作数。举例如下：

```
module equequ;
   initial
```

```
    begin
      $display (" 'bx == 'bx is %b", 'bx == 'bx);
      $display (" 'bx === 'bx is %b", 'bx === 'bx);
      $display(" 'bz!= 'bx is %b", 'bz!= 'bx);
      $display(" 'bz!== 'bx is %b", 'bz!== 'bx);
    end
endmodule
```

模块 equequ 的执行会产生如下结果：

```
'bx== 'bx is x
'bx === 'bx is 1
'bz!= 'bx is x
'bz!== 'bx is 1
```

所有的关系运算符具有相同的优先级别。关系运算符的优先级别低于算术运算符。

4. 逻辑运算符

在 Verilog HDL 语言中有 3 种逻辑运算符：

（1）&&：逻辑与。

（2）||：逻辑或。

（3）!：逻辑非。

"&&" 和 "||" 是二目运算符，要求有两个操作数，如（a>b）&&（b>c），（a<b）||（b<c）。
而 "!" 是单目运算符，只要求一个操作数，如！（a>b）。表 2.4 为逻辑运算的真值表，它表
示当 a 和 b 的值为不同的组合时，各种逻辑运算所得到的结果。

表 2.4　逻辑运算符真值表

a	b	! a	! b	a&&b	a||b
1	1	0	0	1	1
1	0	0	1	0	1
0	1	1	0	0	1
0	0	1	1	0	0

逻辑运算符中 "&&" 和 "||" 的优先级别低于关系运算符，"!" 高于算术运算符。逻辑
运算符与其他高级语言的用法基本相似，在此不再举例说明。

5. 位逻辑运算符

在 Verilog 语言中有 7 种位逻辑运算符，如表 2.5 所示。

表 2.5　逻辑运算符

序号	逻辑运算符	说明
1	~	非
2	&	与
3	|	或
4	^	异或
5	^~	同或
6	~&	与非
7	~|	或非

位逻辑运算符对其自变量的每一位进行操作，例如，表达式 A&B 的结果是 A 和 B 的对应位相与的值。对具有不定值的位进行操作，视情况会得到不同的结果。例如：x 和 FALSE 相与得结果 x，x 和 TRUE 相或得结果 TURE。如果操作数的长度不相等，较短的操作数将用 0 来补位，逐位运算将返回一个与两个操作数中位宽较大的一个等宽的值。

在此需要注意的是，不要将逻辑运算符和位运算符相混淆，比如，! 是逻辑非，而~是位操作的非，即按位取反。例如：对于前者! (5 == 6) 结果是 TRUE，后者对位进行操作，~{1, 0，1，1} = 0100。

6. 约简运算符

约简运算符是单目运算符，也有与、或、非运算。约简运算符的与、或、非运算规则类似于位运算符的与、或、非运算规则，但其运算过程不同。位运算是对操作数的相应位进行与、或、非运算，操作数是几位数则运算结果也是几位数。而约简运算则不同，约简运算是对单个操作数进行与、或、非递推运算，最后的运算结果是 1 位的二进制数。约简运算的具体运算过程为：

（1）先将操作数的第 1 位与第 2 位进行与、或、非运算。

（2）将运算结果与第 3 位进行与、或、非运算，依次类推，直至最后一位。

举例如下：

```
reg[3:0]  B;
reg C;
C = &B;
```

相当于：

```
C = ( ( B[0]&B[1] ) &B[2] ) &B[3];
```

完整的模块举例如下：

```
module reduction(a, out1, out2, out3, out4, out5, out6);
        input[3:0] a;
        output out1, out2, out3, out4, out5, out6;
```

```
      reg out1, out2, out3, out4, out5, out6;

      always @ (a)
        begin
          out1 = &a;        //与约简运算
          out2 =|a;         //或约简运算
          out3 = ~& a;      //与非约简运算
          out4 = ~| a;      //或非约简运算
          out5 =^ a;        //异或约简运算
          out6 = ~^a;       //同或约简运算
        end
endmodule
```

2.5.7 其他运算符

1. 移位运算符

在 Verilog HDL 语言中有两种移位运算符："<<"（左移位运算符）和 ">>"（右移位运算符），方法是将第一个操作数向左（右）移，所移动的位数由第二个操作数来决定。这两种移位运算都用 0 来填补移出的空位。举例如下：

```
module shift;
  reg[3:0] a, b;
  initial
    begin
      a = 1;           //a 设为 0001
      b = (a<< 2);     //移位后, a 的值为 0100,赋给 b
    end
endmodule
```

从此例可以看出，b 在移过两位后，用 0 来填补空出的位。

进行移位运算时应注意移位前后变量的位数，下面给出几个例子：

4'b1001<<1 = 5'b10010；4'b1001<<2 = 6'b100100；

1<<6 = 32'b1000000；4'b1001>> 1= 4'b0100；4'b1001>>4 = 4'b0000。

2. 条件运算符

条件运算符（:? ）有三个操作数，第一个操作数是 TRUE，算子返回第二个操作数，否则返回第三个操作数，条件算子可以用来实现一个选择器，例如：

```
module conditional(time, y);
   input[2:0] time;
   output [2:0] y;
```

```
    reg [2:0] y;
    parameter zero = 3'b000;
    parameter timeout = 3'b111;
    always@(time)
        y = (time!=timeout)? time +1 : zero;
endmodule
```

嵌套的条件算子可用来实现多路选择。如：

```
wire [1:0] absval;
assign  absval = (a>0) ? 1: (a<0)? 2 : 0;
```

3. 并接运算符

Verilog HDL 语言中有一个特殊的运算符：并接运算符{}。这一运算符可以将两个或更多个信号的某些位并接起来进行运算操作。其使用方法是把某些信号的某些位详细地列出来，中间用逗号分开，最后用大括号括起来表示一个整体信号，即：

{信号 1 的某几位，信号 2 的某几位，……，信号 n 的某几位}

例如，{a[3], b, c[2:0], 4'b0100}, {2'b1x, 4'h7}= = = 6'b1x0111。

此外，在 Verilog 语言中还有一种重复操作符{{}}，即将一个表达式放入双重花括号中，复制因子放在第一层括号中。它为复制一个常量或变量提供一种简便记法。

例如，{3{2'b01}}= =6'b010101。

2.5.8 运算符优先级排序

运算符优先级顺序如图 2.4 所示：

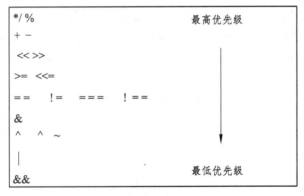

图 2.4 运算符优先级顺序

将操作数和算子通过正常的优先级规则组合起来便生成表达式，该结构将会产生一个结果，这一结果是操作数的值和算子语法含义的函数。一个合法的操作数不加任何运算符也可以被认为是一个表达式，例如一个线型的位选操作数。表达式用来计算数值，但不仅仅单独用来求值，而是构成语句或其他结构的一部分。表达式中的操作数可以是变量名（U），变量的某一位（a[i]），变量的连续数位（a[3:0]），或者是功能块调用。

2.6 控制结构

Verilog HDL 语言含有丰富的控制语句，可以选择不同的控制语句生成程序代码的过程块，比如在 initial 和 always 结构块中。大部分控制语句与传统的编程语言，如 C 语言相似。Verilog HDL 语言与 C 语言之间最大的区别在于，C 语言中的括弧{}，在 Verilog 中用 begin 和 end 代替，而在 Verilog 中括弧{}用来完成字符的位并接功能。由于大部分使用者对 C 语言都很熟悉，接下来的各小节对每一种结构进行举例介绍。

2.6.1 选择结构

选择结构包括 if 和 case 语句。

1. if 语句

Verilog HDL 语言中的 if 语句与 C 语言的十分相似，使用起来也很简单。如下例所示。

```
if (a<0)
  begin
    b = 1;
  end
else
  begin
    b = 0;
  end
```

2. case 语句

与 C 语言的 case 语句不同，Verilog 语言中，选择第一个与<表达式>的值相匹配的<数值>，并执行相关的语句，然后控制指针将转移到 endcase 语句之后，也就是说，与 C 语言不同的是，它不需要 break 语句。

其形式如下：

```
case(<表达式>)
<数值>:<语句>
<数值>:<语句>
default:<语句>
endcase
```

下面的例子检查了 1 位信号的值。

```
case (sig)
    1'bz: $display("Signal is floating");
    1'bx: $display("Signal is unknown");
```

```
            default: $display("Signal is  %b", sig);
endcase
```

另举例如下：

```
module case_statement;
    integer  i;
    initial  i = 0;
    always
        begin
            $display ( "i = %0d", i);
            case (i)
                0: i = i + 2;
                1: i = i + 7;
                2: i = i - 1;
                default : $stop;
            endcase
        end
endmodule
```

该模块的运行结果如下：

```
i = 0
i = 2
i = 1
i = 8
```

选择表达式要与case表达式逐位相对照，若没有事件相匹配则执行default事件，若default事件不存在，便执行case语句后的下一条语句。

2.6.2　重复结构

重复结构包括for循环语句、while循环语句、repeat重复语句和forever循环语句。

1. for循环结构

for循环语句与C语言的for循环语句非常相似，只是Verilog中没有增1(++)和减1(--)运算符，因此，要使用i=i+1的形式。

如下所示为for_loop应用的简单例子。

```
module  for_loop;
    integer  i;
    initial
    for(i = 0; i< 4; i = i +1)
```

```
        begin
            $display ("i = %0d(%b binary) " , i, i);
        end
endmodule
```

执行结果如下：

```
i = 0     (0 binary)
i = 1     (1 binary)
i = 2     (10 binary)
i = 3     (11 binary)
```

2. while 循环结构

用 while 语句同样可以实现上例的功能，得到相同的执行结果。

```
module  while_loop;
    integer  i;
    initial
        begin
            i=0;
            while (i< 4)
                begin
                    $display ("i = %d(%b  binary)" ,i, i););
                    i = i+1;
                end
        end
endmodule
```

3. repeat（重复）循环结构

Verilog 有两个其他编程语言中不常用的结构：repeat 和下面要介绍的 forever 结构。下面描述的是一个等待 5 个时钟周期然后停止仿真的 repeat 循环。

```
module repeat_loop (clock);
    input clock;
    initial
        begin
            repeat (5);
            @(posedge clock);
            $stop;
        end
endmodule
```

4. forever 循环结构

forever 循环用来监控一些条件,当条件发生时显示一条信息。如下例所示。

```
module forever_statement(a, b, c);
    input a, b, c;
    initial  forever
        begin
            @(a or b or c);
            if(a+b = = c)
                begin
                    $display ("a(%d) + b(%d) = c(%d)", a, b, c);
                    $stop;
                end
        end
endmodule
```

虽然 repeat 和 forever 循环语句都可以通过其他控制语句来实现(如 for 循环语句),但它们使用起来十分简便,尤其是在通过键盘发布交互式命令时,还有一个好处是不需要事先定义任何变量。

2.7　其他语句

在 Verilog 语言中,除了上述的重复结构外还有参数语句、赋值语句等其他结构,下面对这几种结构一一进行说明。

1. 参数语句

参数语句允许设计者给常量起一个名字,其典型应用是定义寄存器和延迟的宽度,在程序中任何可以使用字母之处都可以使用参数。参数定义的句法为:

参数<赋值列表>

在此,<赋值列表>是用逗号隔开的参数列表以及它们的值。
下面的设计是使用参数进行定义的一个例子。

```
module mod1(out,in1,in2);
    …
    parameter  p1 = 8,
        real_constant = 1.079,
        x_word = 16'bx,
        file = "/net/usr/design/mem_file.dat";
```

```
    …
    wire [p1:0] w1;   //用参数进行定义的线型变量
    …
endmodule
```

Verilog 语言允许用户在编译时对参数重新赋值，有以下两种方法：

（1）使用 defparam 语句。

（2）在同一模块实例中使用"#"符号。

在上例的基础上通过以下两个例子分别说明这两种方法。

```
module p_value;
    …
    mod1  I1(out, in1, in2);
    defparam
        I1.p1 = 6,
        I1.file = "../my_mem.dat";
    …
endmodule
```

可以看到，使用 defparam 语句进行重新赋值时必须参照原参数的名字生成分级参数名。

```
module  top;
    …
        mod1# (5, 3.0, 16'bx, "../my_mem.dat")I1(out, in1, in2);
    …
endmodule
```

这种方法与基元实例的延迟定义相似。参数赋值的顺序必须与原始模块中进行参数定义的顺序相同，并不是一定要给所有的参数都赋予新值，但不允许跳过任何一个参数，即使是保持不变的值也要写在相应的位置。

2. 连续赋值语句

连续赋值语句用来驱动线型变量，这一线型变量必须已经事先定义过。只要输入端操作数的值发生变化，该语句就重新计算并刷新赋值结果。我们可以使用连续赋值语句来描述组合逻辑，而不需要用门电路和互连线。在前面一节中已经对连续赋值做了介绍，关键词 assign 用来区分连续赋值语句和过程赋值语句，下面一条语句将线型端口 a 和 b 相与，并用这一结果去驱动 out 信号：

```
wire out;
assign out= a&b;
wire#10 inv=~in;
wire eq;
```

```
assign eq=(a = = b);
```

下面是连续赋值语句中线型变量使用强度定义的例子。

```
wire (strong1, weak0) [7:0] net1 = net2 &net3;
```

连续赋值语句中还可以使用延迟定义。

```
tri #10   xor_net= a^b;
```

Verilog 允许在一次定义中进行多路赋值。

```
wire and_net= a1&a2,
or_net = a1 | a2;
```

还可以在连续赋值语句的左端设置并接操作。

```
assign {carry_out, sum} = ina+inb+carry_in;
```

下面是延迟为 5 的多路连续赋值语句。

```
assign #5 c = a[0],d={r1,r2,r3},f[3:2]={r3, r4};
```

3. 阻塞和无阻塞过程赋值

简单的阻塞过程赋值语句有如下三种形式：

```
lhs_expression= expression;                   //形式 1
lhs_expression = #delay expression;           //形式 2
lhs_expression = @event expression;           //形式 3
```

lhs（左端）可以是一个变量名、变量的某一特定位、变量的指定几位或是对变量的并置。形式 1 中，仿真器先对右端表达式进行计算然后立即将结果赋给左端；形式 2 中，仿真器计算右端表达式后要等待 delay（延迟）时间，再将值赋到左端；形式 3 中，仿真器要等到 event 事件发生才把右端的值赋给左端，这三种赋值形式都要等到赋值操作完成后才能执行下一条语句。

无阻塞（unblock）过程赋值语句在句法上与阻塞（block）过程赋值语句相似，只是用 "<=" 代替了 "="。

```
lhs_expression <= expression;
lhs_expression <= #delay expression;
lhs_expression <= @event expression;
```

二者的差别在于无阻塞赋值语句右端计算好后并不立即赋给左端，在赋值的同时控制下一条语句的继续执行。无阻塞赋值语句对描述数据流很简便，例如，要模拟一个移位寄存器，语句的顺序很重要：

```
stage1 = (#1) stage2;
```

```
stage2 = (#1) stage3;
stage3 = (#1) stage4;
stage4 = (#1)stage5;
```

而如下的编写方法便可以不考虑其顺序：

```
stage1<= (#1) stage2;
stage2 <= (#1) stage3;
stage3 <= (#1) stage4;
stage4 <= (#1)stage5;
```

2.8　任务和函数结构

Verilog 语言中一种最有效的仿真方法就是将一段代码封装起来形成任务（task）或函数（function）结构。

任务和函数结构之间有以下几点差异：

（1）一个任务块可以含有时间控制结构，而函数块则没有，也就是说函数块从零仿真时刻开始运行，结束后立即返回（实质上是组合功能）。而任务块在继续下面的运行过程之前其初始化代码必须保持到任务全部执行结束或是失效。

（2）一个任务块可以有输入和输出，而一个函数块必须有至少一个输入，没有任何输出，函数结构通过自身的名字返回结果。

（3）任务块的引发是通过一条语句，而函数块只有当它被引用在一个表达式中时才会生效。例如：

```
tsk (out, in1, in2); //调用了任务结构，名为 tsk
```

而

```
i= func(a, b,c);
assign x = func(Y); //调用了一个函数，名为 func
```

如下所示是一个任务模块的例子：

```
task tsk;
    input i1, i2;
    output o1, o2;
    $display("Task tsk, i1= %b, i2 = %b", i1, i2);
    #1 o1 = i1&i2;
    #1 o2 = i1 | i2;
endtask
```

函数块举例如下：

```
function[7:0] func;
    input i1;
    integer i1;
    reg[7:0]rg;
      begin
      rg = 1;
      for(i = 1; i<=i1; i = i+1)
      rg = rg+1;
      func= rg;
      end
endfunction
```

函数块在编组代码以及增强其可读性和可维护性方面是一种十分重要的工具。

2.9 时序控制

在执行仿真进程语句之前，Verilog 语言提供了两种类型的显式时序控制：一种是延迟控制，在这种类型的时序控制中通过表达式定义了开始遇到这一语句和真正执行这一语句之间的延迟时间；另一种为事件控制，这种时序控制是通过事件表达式来完成的，只有当某一事件发生时才允许语句继续向下执行。在第 3 小节中讲述了 wait 等待语句，其原理是使仿真进程处于等待状态直到某一特定的变量发生变化。

Verilog 具有离散事件时间仿真器的特性，也就是说，在离散的时间点预先安排好各个事件并将它们按照时间顺序排成事件等待队列，最先发生的事件排在等待队列的最前面，而较迟发生的事件依次放在其后。仿真器移动整个事件队列并启动相应的进程。在运行的过程中，有可能为后续进程生成更多的事件，放置在队列中适当的位置。只有当前时刻所有的事件都运行结束后仿真器才将仿真时间向前推进，去运行排在事件队列最前面的下一个事件。

如果没有时间控制，仿真时间将不会前进。仿真时间只能被下列形式中的一种来推进：

（1）定义过的门级或线传输延迟。

（2）由#符号引入的延迟控制。

（3）由@符号引入的事件控制。

（4）等待语句。

第（1）种形式是由门级器件来决定的，在此无须讨论。下面分别对（2）（3）（4）三种形式以及路径延迟的定义进行讲述。

2.9.1 延迟控制

在 Verilog 语言中延迟控制的格式为：

```
# expression
```

它是将程序的执行过程中断一定时间，时间的长度由 expression 的值来确定。

延迟控制结构的应用举例如下：

```
module delay;
    reg [1:0] r;
    initial #70 $stop;
    initial
        begin : b1
                #10  r = 1;
                #20  r = 1;
                #30 r=1;
        end
    initial
        begin : b2
                #5  r = 2;
                #20  r = 2;
                #30 r =2; end
    always @r
        begin
                $display ("r = %0d at time  %0d", r, $time);
        end
endmodule
```

delay 模块的执行产生如下结果：

```
r= 2 at time 5
r =1 at time 10
r =2 at time 25
r =1 at time 30
r =2 at time 55
r =1 at time 60
```

2.9.2　事　件

一个事件可以通过运行表达式：-> event 变量被激发。用事件变量来控制在同一仿真时刻运行的 3 个 initial 块的执行顺序的例子如下：

```
module  event_control;
    event  e1, e2;
    initial @e1
        begin
```

```
        $display ("I am in the middle." );
        ->e2;
      end
  initial @e2
      $display ("I am supposed to execute last." );
      initial begin
          $display ("I am the first.");
        ->e1;
      end
endmodule
```

even_control 模块的执行过程将产生如下结果：

```
I am the first.
I am in the middle.
I am supposed to execute last.
```

时间和事件控制结构的一种特殊形式是他们在赋值语句中的使用。赋值语句：

```
current_state = #clock_period   next_state;
```

等价于

```
temp= next_state;
#clock_period  current_state = temp;
```

类似地，

```
current_state = @(posedge  clock) next_state;
```

等价于

```
temp = next_state;
@(posedge  clock) current_state = temp;
```

2.9.3 等待语句

一段 Verilog 程序（如 initial 或 always 块）可以通过以下两种形式来实现等待的功能，可以重新排定自身的执行顺序：

```
@ event_expression      //形式 1
wait (expression)        //形式 2
```

其中，形式 1 是中断执行过程直到特定事件发生。在这两种情况下都是程序的调度控制当前运行事件指针从当前仿真时刻的事件列表上移走，放到某个未运行的事件列表上。形式 2 的情况是：如果等待的表达式为假则中断运行直到（通过其他程序语句的执行）它变为真。

这两种结构以及延迟控制结构或是它们的组合都能加在任何语句之前作为一个必须满足的先决条件。例如，表达式：

```
@ (posedgeclk) #5 out = in;
```

表示等到时钟上升沿到来后再等 5 个时间单位，然后将 in 赋给 out。

@ event_expression 的控制时间结构要等待事件发生才继续执行程序块的其他语句，这个事件可以是以下几种形式之一：

（1）变量<或变量>……。

（2）位变量的上升沿。

（3）位变量的下降沿。

（4）事件变量。

在格式（1）的情况下，执行过程要延迟到任何一个变量发生变化。在形式（2）和（3）中，执行过程延迟直到变量从 0、X 或 Z 变到 1，或从 1、X 或 Z 变到 0。对于形式（4），程序的执行过程被中断直到事件发生。

2.9.4　延迟定义块

Verilog HDL 语言可以对模块中某一指定的路径进行延迟定义，这一路径连接模块的输入端口（或双向端口）与输出端口（或双向端口）。延迟定义块在一个独立的块结构中定义模块的时序部分，这样功能验证就可以与时序验证相独立。这是时序驱动设计的关键部分，因为包含时序信息的这部分程序在不同的抽象层次上可以保持不变。

在延迟定义块中要完成的典型任务有：

（1）描述模块中的不同路径并给这些路径赋值。

（2）描述时序核对，以确认硬件设备的时序约束是否能得到满足。

延迟定义块的内容要放在关键字 specify 和 endspecify 之间，而且必须在某一模块内部。在定义块中还可以使用 specparam 关键字定义参数。举例说明如下。

电路图如图 2.5 所示。

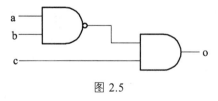

图 2.5

进行路径延迟定义如下：

```
module noror (o, a, b, c);
    output o;
    input a, b, c;
```

```
    nor n1 (net1, a, b);
    or o1 (o, c, net1);
    specify
        (a=>o) =2;
        (b=>o)= 3;
        (c=>o)=1;
    endspecify
endmodule
```

对于这一简单电路的延迟定义可以采用将所有的延迟集中在最后一个或门上定义的方法，简单但不精确。另一种方法就是如上述模块那样，把延迟分布在每个门上，即定义了从 a 点到 o 点的延迟为 2，从 b 点到 o 点的延迟为 3，从 c 点到 o 点延迟时间为 1。这种做法比前者精确，但要同时满足一系列等式，工作量大。

第 3 章　设计验证

随着 IC 工艺的不断发展，设计变得越来越复杂，SOC（片上系统）已成为 ASIC/FPGA 设计的一个重要趋势。EDA 业内人士普遍认为验证是产品到市场的一个瓶颈问题。百万门设计并不困难，而验证百万门的设计却是一件非常难的事情。据估计，目前一个 SOC 设计中，验证工程师的人数是设计工程师的 2 倍左右，验证工作占到整个设计的 60%～70%，而验证代码，则占到了全部代码工作的 70%～80%。显然，验证已经成为集成电路设计中非常重要的一个环节。本章将介绍验证的概念、基本方法和验证程序的写法。

3.1　验证综述

3.1.1　验证的概念

图 3.1 是 Janick Bergeron 提出的表示验证过程的重复收敛模型（reconvergence），验证过程是证明设计正确的过程，验证的目的是为了保证设计实现与设计规范是一致的，保证从设计规范开始，经过一系列变换后得到的网表与最初的规范一致，整个变换的过程是正确的。

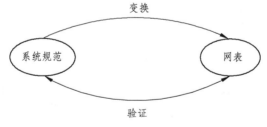

图 3.1　验证过程模型

图 3.1 中的变换可以理解为根据输入而产生输出的任何过程，从规范到网表之间可能包含了多个变换，比如一个 FPGA 设计可能包含以下几个变换。

（1）从自然语言表述的系统规范变换成完整的、可验证和无二义性的系统规范。

（2）从系统规范变换成可实现的模块设计规范。

（3）从模块设计规范变换成 RTL 及代码描述。

（4）从 RTL 代码通过综合工具变换成门级网表。

（5）从门级网表通过后端布局布线工具变换成具有延时信息的网表。

从规范到网表之间的变换包含了许多问题，如设计规范是否正确，有无矛盾之处？设计人员是否正确理解了设计规范，模块设计是否正确地反映了其功能？模块之间的接口是否正确？包含有延时信息的网表的时序是否满足要求？这些问题都是验证过程需要解决的问题。验证过程是为了确保开始的系统规范和最后的结果一致，如果验证过程和变换过程没有共同的起始点，那么就不会存在验证。验证是一个多次重复的过程，是一个不断向期望结果靠近的过程。

3.1.2 验证和测试

验证（verification）和测试（test）这两个概念通常被人们所混淆，它们实际上是 ASIC 设计流程中两个不同的环节。测试的目的是为了确认生产后的设计产品是正确的，而验证的目的则是为了确认设计符合设计规范，目前验证一般通过仿真实现。在本章中，验证和仿真不加区分。设计和验证之间的关系可以用图 3.2 表示。

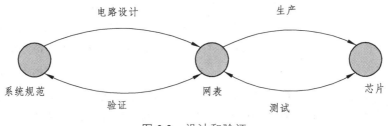

图 3.2　设计和验证

测试是通过测试向量实现的，一般由加工厂家或封装测试厂家完成。测试不是为了检查设计功能是否正确，而是为了检查生产后物理器件是否能完成正常的 0 到 1 或 1 到 0 的翻转。有大量关于测试的理论和方法研究，但它们不属于本书的讨论范围，有兴趣的读者可以参看相关的参考资料。

3.1.3 自顶向下和自底向上的验证方法

硬件开发过程的发展和软件非常类似，在 20 世纪 80 年代，硬件设计主要依赖手工绘制原理图，设计速度和规模都不太大。在 20 世纪 90 年代后，由于 EDA 工具的快速发展，越来越多的设计公司依赖于高层的 RTL 描述，借助于综合工具实现它们的设计。无论设计的复杂度还是设计的开发周期都比以前有了较大的提高。为了设计和验证更复杂的系统，硬件设计工程师在硬件设计中借助于软件工程的经验和研究方法，形成了适合硬件系统设计和验证方法。

1. 自顶向下的验证方法

在自顶向下的验证方法中，验证分成四个阶段。

（1）系统级验证：在大中型设计项目中，验证方案往往与系统规范同步开始，在系统规范签收（sign-off）完成之后，就开始了系统级的验证。根据系统规范对系统进行建模，并对建立的模型进行验证。用于系统级的建模工具有很多，如通用的语言 C、C++、HDL、

SystemC，也可用专门的验证语言如 Sugar、Vera 和 Specman Elite，还可以是形式化的语言。

（2）功能验证：验证一个设计的 RTL 代码是否符合系统的规范。功能仿真是目前功能验证的主要方法。此外，形式化验证技术可以作为辅助手段完成一些关键模块的功能验证。

（3）门级网表验证：通过功能仿真或形式化工具如 E-CHECK 或 FORMALITY 检验 RTL 代码和综合后网表是否相等。

（4）时序验证：验证门级网表变换为含有延时信息的网表后，时序是否满足规范中关于时序的要求。同步设计的时序一般通过静态时序分析工具完成验证。目前，各主要的 FPGA 厂家都有内嵌的静态时序分析工具。

2. 自底向上的验证方法

自底向上的验证流可以用图 3.3 表示，目前这种方法仍被大多数设计厂家所使用。该验证流的解释如下。

（1）设计文件通过词法扫描器（包括 HDL）确认没有语法错误，以保证设计文件是特定验证工具所能接收的语法子集。同时，使用 lint 检查工具验证设计代码中没有句法违规错误。

（2）0 层验证：独立地验证每个设计元件/块。这层的验证需要穷举模块的各种情况，保证每个单元的设计质量。直接仿真、随机仿真和模型检验等技术都可以用于 0 层验证。

（3）1 层验证：验证内部模块之间的接口和系统存储映射是否正确。验证的内容包括通过片上处理器或片外的处理器对各个模块中的寄存器的读写操作，确认各个接口之间的配合是否正确等。

（4）2 层验证：系统级验证，目标是为了验证集成设计的功能。本层验证主要集中在片内设计和外部环境之间能否协调工作，包括一些极端情况、边界条件和错误处理等。

（5）门级网表验证和时序验证同自顶向下的验证流是一致的。

图 3.3　自底向上的验证方法

3.1.4 主要验证技术

验证技术目前主要分为两类：基于形式化的验证和基于 testbench（验证程序）的技术。

1. 形式化方法

形式化验证技术通过数学的方法证明设计是否与规范一致。一般而言，如果用形式化工具证明设计的某个特性是正确的，那么验证人员可以不必再用 testbench 去仿真这些特性。工业界常用的形式化方法主要包括两种。

1）等价性检验

等价性检验主要是检验两个设计是否完全相等。等价性检验主要用于两个方面：一是两个网表的比较，其目的是保证一个经过修改、插入扫描链、时钟树综合或手工修改后的网表与原有的网表功能是一致的。另一个应用就是网表正确地实现了 RTL 代码。如果设计者完全相信综合工具是正确的，这个验证就可以省略。等价性检验可以用图 3.4 表示。

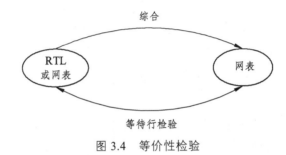

图 3.4　等价性检验

2）模型检验

模型检验经过十几年理论和实践探索，目前已经逐步应用到工业界。模型检验的主要思想是根据设计人员的 RTL 代码，提取有限状态机并穷举搜索设计的状态空间，验证用户定义的特性。如果要验证的特性不成立，验证工具产生一条从初态到失败状态之间的完整路径，设计人员根据这条路经找到错误状态。Cadence 公司推出的 FormalCheck 工具实现了模型技术。另外，IBM 公司的 Sugar，Sypopsys 公司的 Vera 和其他公司的专用验证语言吸收了模型检验的有关思想，使复杂逻辑公式能以简洁的方式表达，极大地推广了模型检验的应用。目前，Sugar 语言已成为设计验证方面的工业标准。

其他形式化方法，如定理证明系统 HOL 和 PVS 等，目前还处在研究阶段。

2. 基于 testbench 的验证

虽然模型检验已开始用于工业界，但是模型检验还有其局限性，一是能验证设计的规模和复杂度有限，二是模型检验所能描述的特性有限。因此，目前确认功能是否正确的主要方法还是基于 testbench 验证的验证方法。testbench 在本书中的意为利用 HDL 语言编写的用作验证设计输入序列的代码，也就是验证程序。基于 testbench 验证主要有三种方法：

1）黑盒验证方法

在黑盒验证方法中，设计被当成一个黑盒子，对设计人员而言不知道内部设计细节，根据设计规范，验证设计是否符合规范。在这种验证方法中，验证与设计相分离，验证方案与电路的设计方案完全不挂钩，验证人员只关注规范，列出需要验证的特性，然后组织适当的用例（testcase）来验证这些特性。黑盒子验证模型可以用图 3.5 表示。

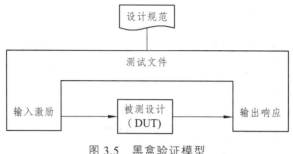

图 3.5　黑盒验证模型

黑盒验证可以发现下面类型的错误：

（1）初始化和中止错误。

（2）接口错误。

（3）性能错误。

（4）未实现的或实现不正确的功能。

由于缺乏可观测性和可控性，黑盒验证很难发现隐藏在设计内部的错误。

2）白盒验证方法

这种方法为设计提供了很好的可控性和可观测性，有时也被称为结构验证法。由于知道设计的内部细节，因此，很容易产生特殊情况的激励，易于检测内部设计的错误，验证环境的建立相对明确、简单，具有较强的针对性，结果检查相对来说也简单一些。白盒验证法被广泛应用于设计验证中。其缺点是验证人员必须要知道设计的内部细节。

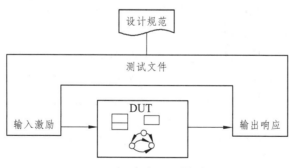

图 3.6　白盒验证模型

3）灰盒验证法

灰盒验证是介于白盒和黑盒验证法之间的一种验证方法。验证人员在既要关心规范需求的同时又要关心电路的详细设计方案，需要依据两者制定验证方案。如同黑盒验证方法，灰盒验证方法通过顶层接口控制和观察整个设计，但是又需要验证一些重要的特定的设计细节。

在一个设计中，通常是这三种方法结合起来一起使用。

3.1.5　验证工具介绍

提高验证可靠性和有效性的一个主要机制是自动化。本节介绍验证过程中涉及的一些主要验证工具。

1. Lint 工具

lint 工具对设计代码进行静态的检查，以验证句法的正确性。因此，Lint 工具只能发现初始化的变量、接口不匹配和不支持的结构等句法错误，而不能发现设计错误。大部分仿真器和综合器都带有 lint 检查工具。Lint 工具是静态的验证工具，它不需要任何附加的信息和用户要求的动作。

2. 仿真工具

仿真器是验证中最常用的工具。仿真不是一个项目的目标，所有硬件设计的最终目标是能在市场上销售并产生效益的真实硬件实现。仿真器试图创建一个能够模拟真实设计的人工环境，使设计工程师和设计进行交互，在设计生产之前发现设计错误，以减少损失。之所以称为仿真器，是因为它们是真实状态的一种近似。例如，一个数字仿真器假设一个信号只有 0、1、X（未知）和 Z（高阻）四种状态，而实际上信号是连续的，具有无数多值。

仿真器是一个动态的验证工具，它要求验证人员提供一个设计能正常工作的环境信息（或输入激励），这个环境信息就是通过 testbench 提供的。仿真器通过一定方式和设计人员交互，将设计的输出状态随设计环境变化的信息反映给设计人员。仿真器分为以下两种。

1）事件驱动的仿真器

只有在输入发生变化时，仿真器才去计算电路的模型，计算与输入相关的输出或中间信号的状态，这类仿真器我们称之为事件驱动仿真器。在这类仿真器中，输入的任何变化被定义成一个事件，该事件被传递到设计的各个部分。在一个周期中，由于输入的到达时间和信号反馈不同，一个设计元件可能被计算几次。事件驱动的仿真器提供了非常精确的仿真环境，但是仿真的速度由于设计规模的增大而降低。事件驱动仿真器支持的设计描述方式包括：① 用 HDL 描述的行为设计 RTL 代码；② 门级；③ 晶体管级设计。

目前工业界比较流行的事件驱动仿真器包括两种类型。

（1）代码编译型的事件驱动仿真器：接受用 HDL 语言描述的设计，将设计编译成数据结构并执行。常用的仿真器有 Cadence 公司的 NC-Verilog 和 Synosys 公司 VCS 仿真器（Verilog Compiled Simulation）。

（2）代码解释型的事件驱动仿真器：接受用 HDL 语言描述的设计，逐行解释代码并运行。如 Cadence 公司的 Verilog-XL。

2）基于周期的仿真器

另外一种仿真器是在每个周期结束时计算电路的稳定状态，这种仿真器称为基于周期的仿真器。由于在一个周期内，仿真模型只计算一次，因此这类仿真器的速度比较快。另外，有些基于周期的仿真器只计算 0 和 1 两种状态，而不考虑 X（未知）和 Z（高阻）状态，以此进一步提高仿真速度。然而，基于周期的仿真器只能仿真同步电路，对于包含异步输入、锁存器和多时钟的设计，靠这类仿真器就不能得到正确的结果。

3. 波形观察工具

波形观察器是最常见的和仿真器一起使用的验证工具。通过波形观察器的图形界面，设计人员可以直观地观察随时间变化的信号以及信号之间的相互关系，可以非常容易地定位设计错误或测试文件的错误。

4. 代码覆盖分析工具

当一个设计的所有测试程序仿真都正确，设计中是否还存在某些功能或功能组没有得到验证？哪些设计没有被验证到？覆盖分析工具可以回答这个问题。覆盖分析技术最早源于软件测试，在 IC 验证中引入该技术的目的是为了找出测试用例（testcase）集合没有覆盖到的 HDL 代码，创建附加的测试用例以提高代码覆盖率，从而提高设计质量。在许多工程中，验证是否结束是以覆盖率是否达到规定的覆盖率要求为标准的，代码覆盖分析主要包括以下几个方面：

（1）语句覆盖（statement coverage）分析：一个测试文件能覆盖的代码行数。分析工具可以让用户快速地浏览源代码并快速标识没有被执行的设计代码。

（2）路径覆盖（path coverage）：分析一个验证程序通过"if…else"或"case"结构的所有可能的路径。

（3）表达式覆盖（expression coverage）：分析说明哪一个"if…else…"分支或"case"分支已被执行过。

（4）触发覆盖（triggering coverage）：分析敏感变量中的信号是否唯一触发一个过程。

（5）表达式覆盖（expression coverage）：分析"if"条件或赋值语句执行的情况。

（6）自动机覆盖（FSM coverage）：分析仿真用例是否覆盖了所有的状态，所有的状态是否都 100%可达。

使用代码覆盖技术必须非常了解设计细节，通过代码覆盖分析工具了解哪些路径已经被执行，哪些表达式已经被执行，哪些过程没有被触发等，然后修改测试程序，提高代码覆盖率。

工业界常用的一些代码覆盖工具有：Synopsys 的 VCS、Cadence 的 NC-sim 以及 TransEDA 的 Verification navigator 等。

3.1.6 验证计划和流程

随着设计规模的不断加大，验证在整个设计周期中所占的比例越来越大，制定验证计划是功能验证过程的一个重要环节，验证计划可以提高验证效率，减少验证的盲目性。验证计划是在设计规范结束（signoff）之后开始，验证工程师应该和总体设计师以及设计人员一起讨论整个设计功能，详尽理解设计规范以及和 DUV（被验证的设计）相连接的接口信号等，在此基础上制定验证计划以确定设计需要验证的所有特性，确定验证策略，规划验证环境和验证程序的开发，确定整个验证所需的验证人员的数目，资源和时间等等。

验证计划中需要说明下面的问题：

（1）确定设计需要验证的特性：从理解验证规范入手，确定设计需要验证的特性。和总体设计师以及设计人员认真讨论，确定要设计要验证的特性。

（2）确定验证方法：确定验证过程中采用的方法，如前面所介绍的自底向上或自顶向下方法或其他验证方法。

（3）确定验证策略：采用什么样的策略验证一个设计，主要包括：

① 确定实施验证的抽象层次和验证策略：不同的层次，采用的验证策略是不一样，如果在模块级验证，可能采用白盒验证法，而为了测试接口，可能采用黑盒验证法，而系统功能验证，则有可能采用灰盒验证法。

② 激励产生策略：直接仿真激励或随机仿真激励。

③ 如何验证响应：响应的验证一般采用三种方法：观察法、记录法和自检查（self-checking）方法。根据验证的内容，在这三种方法之间做一个折中。

（4）确定验证的质量标准：如功能覆盖率、代码覆盖率等。

（5）根据验证的质量标准，制定相应的验证方案。

（6）确定验证资源和其他的相关问题：包括人力资源、机器资源和软件资源等，也包括验证过程的质量跟踪等方面的问题。

一个典型的验证流程如图 3.7 所示。

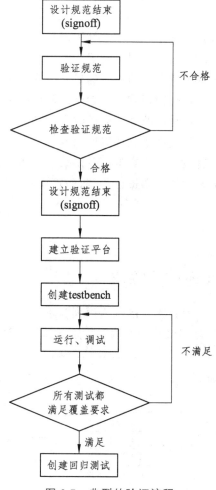

图 3.7　典型的验证流程

（1）确定验证规范：和总体设计师以及设计人员认真讨论，确定要设计要验证的特性。对这些特性做一些简短的描述，最好和设计规范有一个参考列表，以便能没有疏漏地列出所有的验证特性。同时，说明这些特性的验证是在哪一个层次上进行的，如系统级、子系统级还是模块级等。从验证特性制定测试用例，将列出的验证特性按重要性进行优先级划分，有些特性对设计的成功有重要的影响，而有些特性只是锦上添花，许多用户可能都不用，验证应该更关注重要特性。如果重要的特性验证得比较充分，那么设计的成功率就比较高，对于那些用户不用的特性，即便有些 bug，也不会影响芯片的使用。

另外，对于具有相同配置的特性或相关性比较密切的特性，可以将它们归入到同一个测试用例中。

（2）提交验证方案，并和设计人员一起讨论，检查是否有疏忽，是否存在不合理的情况。如果有，则修改验证规范，如果没有问题，则验证规范就可以结束了。

（3）根据验证规范的要求，建立相应的验证平台，验证平台可以借助于已有的验证平台，增加新的内容，节约开发时间和投入。如果没有相关的验证平台，则需要根据项目的功能，进行新的开发。

（4）在验证平台基础上，验证人员根据验证规范列出验证特性的优先级，制定测试用例，编写验证程序。

（5）在验证平台上，运行验证程序，发现设计错误。

（6）如果所有的验证用例都满足验证规范制定的覆盖率，则进入回归测试步骤。如果验证用例没有达到验证规范制定的覆盖率，则采用随机测试或基于约束的验证用例。

（7）如果有设计修改，则应进行回归测试。否则，验证结束。

回归测试是软件测试术语，也是电路功能验证时常用到的一种方法。它的基本含义是对修复过的缺陷再重新进行测试，目的在于验证以前出现过但已经修复缺陷不再重新出现。在修正缺陷时必须更改源代码，这就有可能影响部分源代码所控制的功能，所以在验证修正的缺陷时不仅要重复缺陷原来出现时的步骤进行测试，而且还要测试有可能受影响的所有功能。

3.2 功能验证

3.2.1 验证程序（testbench）的组成

验证程序一般是指描述一个设计确定的输入序列和输出响应的代码集合，也可以包括外部数据文件或 C 程序。仿真程序提供设计的输入激励并监控设计的响应。

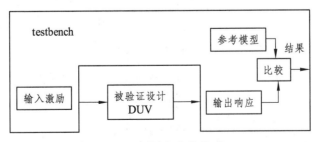

图 3.8 测试程序的构成

图 3.8 说明了仿真程序与被验证设计 DUV（Device Under Verification）之间的关系。注意，这个 testbench 是完全封闭的，没有输入也没有输出。一个典型的 testbench 应该由下面六个部分构成：

（1）DUV：已完成的设计，可以是 RTL 代码，也可以是网表。

（2）输入激励：就是能使 DUV 工作的输入激励。

（3）时序控制模块：用于产生仿真电路和 DUV 所需要的时钟信号。

（4）参考模型：参考模型是用于和被验证的设计比较用的设计，参考模型可以是行为模型，也可以是已经验证过的设计。

（5）诊断记录：在验证过程中，记录被验证设计中相关信号的变化情况。设计人员可以利用记录的信息找到错误。一种比较好的方法就是所谓的自检查方法，用期望的激励和被验证设计的输出的响应进行比较，如果结果不正确，那么报告出错，及时停止仿真。

（6）断言检查器：断言是一种白盒验证方法，可以通过断言检查机制发现设计内部的错误。关于断言的使用，后继的小节将详细介绍。

有了这六个构件，就不难理解为什么图 3.8 是一个既没有输入也没有输出的封闭系统了。下面通过一个例子说明 testbench 的构成。

例 3.1　编码器设计的验证程序框架，如图 3.9 所示。

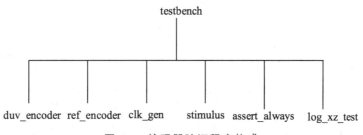

图 3.9　编码器验证程序构成

顶层的验证程序包括以下 6 个模块：

（1）被验证设计 duv_encoder：该模块中包含了一个具有优先级编码的设计。

（2）参考设计 ref_encoder：该模块中包含了一个用行为级代码描述的优先级编码设计。

（3）时序控制模块 clk_gen：该模块用于产生本例中所需要的时钟。

（4）输入激励产生模块 stimulus：这个模块通过一个计数器产生了 0 ~ 31 之间的数值，作为编码器的输入。

（5）诊断日志文件模块 log_xz_test：该模块在仿真的过程中建立一个文件，用于记录仿真过程中需要记录的关键信息，同时该信息也显示在屏幕上。

（6）断言检测模块 assert_always：这是一个断言模块，这个模块用于监控仿真过程中不正确的信息。如果参考设计的结果和实际设计的结果不一致，那么暂时仿真停止。

```
//==================================//
//      以下是顶层仿真程序              //
//==================================//
`define EVENT1 1'b1
```

```verilog
`define EVENT2 1'b0

module testbench;
   wire clk;
   wire [4:0] c_stimulus;
   wire [2:0] c_codex;
   wire [2:0] c_codez;
   reg rst_n;
   wire finish;

   clk_gen ck_gen(.clk(clk));          //时序控制模块
   stimulus inst_sti(.clk(clk),        //仿真激励产生模块
                     .rst_n(rst_n),
                     .c_stimulus(c_stimulus),
                     .finish(finish));
   ref_encoder inst_ref(.c_error_vector(c_stimulus),  //设计模块
                     .c_code(c_codex));
   duv_encoder inst_duv (.code(c_stimulus),    //参考设计模块
                     .encoder(c_codez));
   log_xz_test  xz_test(.clk(clk),     //日志记录模块
                     .c_stim(c_stimulus),
                     .c_codez(c_codez),
                     .c_codex(c_codex),
                     .finish(finish));
   assert_always safety(.clk(clk),          //断言模块
                     .event_trig_1(`EVENT1),
                     .test(c_codex==c_codez),
                     .event_trig_2(`EVENT2));;

   initial begin
     rst_n = 1'b0;
     # 100 rst_n =1'b1;
   end
endmodule

//==================//
//        DUV       //
//==================//
module duv_encoder(code,encoder);
    input [4:0] code;     //5位输入信号
```

054

```verilog
    output [2:0] encoder;    //编码输出
    assign encoder[0] = code[4] |~|code[4:1] & code[0] |
                ~code[4] & ~code[3] & code[2];
    assign encoder[1] = ~code[4] & code[3] | ~code[4] & ~code[3]
                & code[2];
    assign encoder[2] = ~code[4]& ~code[3] & ~code[2] & ~code[1]
                & code[0] | ~code[4]& ~code[3] & ~code[2] & code[1];
endmodule


//==================//
//   参考的设计模块   //
//==================//
module ref_encoder(c_error_vector,c_code);
    input [4:0] c_error_vector;
    output [2:0] c_code;
    reg [2:0] c_code;
    always @(c_error_vector)
    begin
        casex(c_error_vector)
        5'b 1???? : c_code = 3'h1;
        5'b 01??? : c_code = 3'h2;
        5'b 001?? : c_code = 3'h3;
        5'b 0001? : c_code = 3'h4;
        5'b 00001 : c_code = 3'h5;
        default :
            c_code = 3'h0;
        endcase
    end
endmodule


//==================//
//   激励的产生模块   //
//==================//
module stimulus(rst_n,clk,c_stimulus,finish);
    input rst_n;     //全局复位，低有效模块
    input clk;       //时钟
    output [4:0] c_stimulus; //输入该参考设计和被验证设计的输入激励
    output finish; //文件关闭指示信号，当该信号为高电平时，关闭打开文件
    reg [4:0] c_stimulus;
```

```verilog
    reg [5:0] r_counter;
    reg [5:0] c_counter;
    reg finish;
    initial begin
        finish = 1'b0;    //初始文件关闭信号为低电平
    end
    always @(r_counter) begin
        c_counter = r_counter + 6'd1;//模32的加法器，用于编码器的输入
        if (r_counter == 6'h 20) begin   //32个数据测试结束
            finish = 1'b1;  //文件关闭信号为高
            $finish();        //仿真结束
            end
        c_stimulus = c_counter[4:0];
        end
    always @(posedge clk or negedge rst_n)
        if (~rst_n)
            r_counter <= 6'd 0;
        else
            r_counter <=c_counter;
endmodule
//===================//
//     日志模块        //
//===================//
`define DELAY_LOGGING #1
module log_xz_test(clk,c_stim,c_codex,c_codez,finish);
    input clk;
    input [4:0] c_stim;
    input [2:0] c_codex,c_codez;
    input finish;
    integer file;
    always @(posedge clk) begin
        `DELAY_LOGGING
        $display("%t  %b  %h  %h",$time,c_stim,c_codex,c_codez);
    end

    initial begin
        file = $fopen("encoder.log");//在工程目录下,建立一个日志文件
        if (finish)   //仿真结束,关闭日志文件
            $fclose(file);
```

```verilog
        end

    initial begin
        $fdisplay(file,"time    c_stim    c_codex    c_codez");  //日志
文件的头信息
        end
    always @(posedge clk) begin   //在每个时钟周期记录仿真结果
        `DELAY_LOGGING
  $fdisplay(file,"%t  %b  %h  %h",$time,c_stim,c_codex,c_codez);
    end
endmodule
//==================//
//     断言模块        //
//==================//
`define DELAY_ASSERT #2;
module assert_always(clk,
      event_trig_1,
      test,
      event_trig_2);

input clk;
input event_trig_1;
input test;
input event_trig_2;

reg test_state;
initial test_state = 1'b0;
always @(event_trig_1 or event_trig_2)   //触发监控;
  if (event_trig_1 || event_trig_2)
    test_state = ~event_trig_2 && (event_trig_1 || test_state);

always @(posedge clk) begin   //监控 test 事件是否发生;
  `DELAY_ASSERT
    if ((test_state == 1'b1) && (test !=1'b1)) begin
      $display ("ASSERT ERROR %t  %b: %m ", $time, test);
      $stop;  //test 时间发生，暂时停止仿真。
    end
  end
endmodule
```

在顶层设计中,定义了两个事件 EVENT1 和 EVENT2 用于断言监控模块中是否触发监控。本例中监控总是被触发。

3.2.2 实用构造 testbench 技术

1. 使用行为级代码描述验证模型

所有有经验的硬件设计工程师都习惯于编写第三章讨论的可综合代码模型,他们在编写 Verilog 代码时,无论是设计代码还是用于验证的代码,往往从实现的角度出发,写出的代码都是可综合的。实际上,用于验证的代码没有必要考虑到内部的实现,只需要按规范描述出一个设计的功能就可以了,也就是说只要建立一个设计模型就可以了。

例 3.2 考虑一个简单的设计。在 SDH 帧结构中,需要根据帧定位 A1 的位置来确定指针 H1 和 H2 的位置。也就是说,在 A1 信号变高后的 270 个周期后,H1 先变为高电平并保持一个周期,H2 在 H1 后一个周期变为高电平并保持一个周期,假设 A1 信号每 810 个时钟周期出现一次。

设计工程师一般用计数器的方法,靠统计 A1 后周期的个数计算出 H1 的信号,他们的代码往往是 RTL 可综合风格的。而验证工程师则从功能的角度出发,他们的代码往往是描述行为的。RTL 和行为代码分别列于图 3.10。

这两种写法都能根据 A1 信号,正确地产生 H1 和 H2 信号,但是它们之间是有区别的。

```
//Rtl module
…

Reg [8:0] cnt_27j0

Wire h1_pos
Assign h1_pos
Always@(clock clk)

If(a1_pos)
   Cnt_270<=9'd 0
Else

Cnt_270_<=cnt_270+1
Assign h1_pos=(cnt+270==269)
…
```

```
//Behavior;
Reg h1_pos;

Initial
Begin

  H1_pos=1'b0;
  Forever begin
If(a1_pos)=1'b0
    h1_pos=1'b0

  else begin
    #(269* cycle)h1_pos=1'b0
    #cycle        h1_pos=1'b1;
  end
```

图 3.10　行为模型和 RTL 代码

在 RTL_model 描述中,由于 always 对时钟 clk 敏感,因此在每个时钟周期,仿真器都重复计算并更新寄存器的值。而行为模型并不随时钟而同步改变状态,只是在需要的时候才计算,因此行为模型的仿真速度比 RTL 级的速度要快。另外,为了观察波形,RTL_model 记录的信息量要比行为模型记录的信息量要大得多。假设我们仿真 1 000 ns,在 Cadance 环境下,记录.shm 文件,在仿真结束后,比较两个.shm 文件,结果 rtl_model.shm 文件比 behavioral_model.shm 大 100 倍之多。

在许多情况下,行为模型代码的描述往往比 RTL 代码的描述简单得多。例 3.3 给出了一个自动机模型。这里分别给出行为代码和 RTL 级代码的描述。

例 3.3　图 3.11 是一个握手协议的自动机模型．这个模型的含义一旦检测到确认信号（ACK）变高电平，则将请求信号（REQ）设置成低电平。

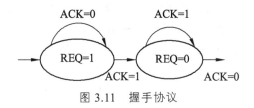

图 3.11　握手协议

```
//=====================================================//
//   Verilog RTL code for handshaking protocal    //
//=====================================================//
parameter make_req = 2'b 0;
parameter release  = 2'b 1;
reg next_st,curr_st;
always @(ack or curr_st)
  case (curr_st)
   make_req : req <= 1'b1;
           if (ack)
             next_st <= release;
           else
             next_st <= make_req;
           end
   release : req <= 1'b0;
           if (ack)
             next_st <= release;
           else
             next_st <= ….
       ….
 endcase

//behavior description
always
  begin
@(posedge ack) req <= 1'b0;
@(negedge ack) req <= 1'b1;
end
```

显然，行为代码要简单得多，可读性也较可综合风格代码要好。

设计工程师从物理实现上考虑 Verilog 代码的写法，受综合工具的影响，他们编写的代码需要遵循一定的规则，代码的好坏、划分是否合理，直接影响到综合的结果。而验证工程师则不关心物理实现，他们关心的是验证代码是否真实地描述了规范。因此，他们写出的代码可以是不可综合的。验证工程师不必像设计工程师那样遵循特定的编码风格和划分模块的原则，他们往往可以根据规范的要求，按照功能来划分模块。

由于目前 Verilog 语言的可综合子集支持的数据结构非常少，因此硬件设计工程师描述复杂设计时必须把复杂的结构映射为二值逻辑，用一维向量或存储器类型结构实现。但是行为描述则不局限于此，验证工程师可以灵活地使用实数、多维数组、记录和链表等丰富的数据结构描述同一个功能。

据估计，在大规模的 IC 设计中，验证文件的代码量占到了整个设计代码量的 80%左右，验证代码与设计代码一样，需要调试。如果验证代码写成行为模型风格的 verilog 代码，由于描述同样规范的行为代码比 RTL 代码简单（代码越简单，越容易查错），调试的工作量就越少。在行为代码中，大部分代码是顺序执行的代码，他们比并发型代码更容易纠错，因为它们不涉及并行代码之间的同步问题和复杂的数据交换问题。

无论是可综合的子集还是不可综合的子集都可以用来编写 testbench。可综合子集编写的仿真代码具有以下优点：

（1）便于移植到基于周期的仿真器上。

（2）仿真电路的代码没有冒险和竞争。

但是可综合代码写仿真电路的缺点在于：

（1）代码比较长，可读性较差。

（2）从仿真器的角度来看，可综合 RTL 代码的仿真性能比较低。

（3）只能处理可综合实现的数据类型：比特、向量比特和整数。而其他一些数据结构如实数、多维数组、记录等无法实现。

2. 使用抽象数据类型

行为级代码可以不受可综合代码的约束，可以在更高的层次上实现数据的抽象，使得验证的层次与设计层次相对应。本节主要讨论用 Verilog 语言实现一些抽象数据结构方法。

1）实数的实现

在 Verilog 语言中，实数不可以通过接口进行传递，函数可以返回一个实数值，但是，实数不能作为函数或任务的输入变量。为了能让实数作为任务或函数的输入变量，可以通过调用系统函数$realtobits 和$bitstoreal 将一个实数转换成 64 比特向量或将 64 比特向量转换成实数。

例 3.4 用 Verilog 实现一个滤波器函数；

$$y(n) = a_0x(n) + a_1x(n-1) + a_2x(n-2) + b_1y(n-1) + b_2y(n-2)$$

在上面的表达式中，y（n）的值是通过上一次的函数值 y（n-1）、y（n-2）、x（n）、x（n-1）和 x（n-2）计算得到的，在计算过程中，需要保持每一次的计算结果。这个表达式可以通过函数调用实现。在 Verilog 语言中所有的寄存器变量都是静态的，它们在编译的时候就被分配好了，仿真过程中在内存中一直有变量的备份。

```
module test_real;
  parameter   a0=   0.50000,a1=1.125987,a2=-0.097743,b1=-0.1009373,
b2=0.009672;
```

```
real y;
function real yn;
input [63:0] xn;
real xn_1,xn_2, yn_1,yn_2;    //寄存器变量;
begin
yn = a0 * $bitstoreal(xn) + a1 * xn_1 + a2 * xn_2 + b1 * yn_1 + b2 * yn_2 ;
xn_2 = xn_1;
xn_1 = $bitstoreal(xn);
yn_2 = yn_1; yn_1 = yn;
$display("%f %f %f",yn,yn_1,yn_2);
$display("%f %f %f",xn,xn_1,xn_2);
end
endfunction
initial
  begin
   //初始化滤波器参数;
   yn.xn_1 = 0.0;  yn.xn_2 = 0.0;  yn.yn_1 = 0.0;  yn.yn_2 = 0.0;
   y = yn ($realtobits(1.0));
   repeat (10)
   begin
     y = yn($realtobits(0.0));
     $display("%f",y);
   end
end
endmodule
```

2）记录

记录是一种抽象的数据结构，可以由不同类型信息组成，可以方便地表示具有一定结构的数据。例如，ATM 中的信元就可以用记录表示，又如 SDH 中的帧结构也可以用记录实现。Verilog 语言本身并不支持记录结构，但是可以通过一些方法来模拟记录的实现。

模拟的基本方法是：创建一个没有参数的 module，内部的所有变量都用寄存器类型声明。当模块实例化后，用模块中定义的变量表示记录中的域。例 3.5 是用 Verilog 语言实现 ATM 信元发送和接收的例子。

例 3.5　用 verilog 语言实现图 3.12 所示的 ATM 信元结构。其中包含 12 位的 VPI，16 位的 VCI，2 位 PT，1 位 CLP，其余是 48 个字节的净负荷（PAYLOAD）。

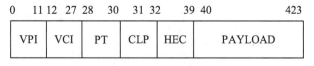

图 3.12　ATM 信元结构

```verilog
module atm_cell_type;

/* 定义 ATM 信元结构 */
reg [11 : 0] vpi;
reg [15 : 0] vci;
reg [2 : 0]  pt;
reg clp;
reg [7 : 0] hec;
reg [7 : 0] payload [0:47];

/* 定义变量 */
integer bit_count;
reg is_vpi,is_vci,is_pt,is_clp,is_hec,is_payload;
reg [15 : 0]  temp;

/* 形成一维向量 */
function [0 : 423] ToBits;
input dummy;
begin
  ToBits = {vpi,vci,pt,clp,hec,
    payload[0],  payload[1],  payload[2],  payload[3],  payload[4],
payload[5],
    payload[6],  payload[7],  payload[8],  payload[9], payload[10],
payload[11],
    payload[12], payload[13], payload[14], payload[15], payload[16],
payload[17],
    payload[18], payload[19], payload[20], payload[21], payload[22],
payload[23],
    payload[24], payload[25], payload[26], payload[27], payload[28],
payload[29],
    payload[30], payload[31], payload[32], payload[33], payload[34],
payload[35],
    payload[36], payload[37], payload[38], payload[39], payload[40],
payload[41],
    payload[42], payload[43], payload[44], payload[45], payload[46],
payload[47] };
  end
  endfunction
```

```verilog
/* 计算不同的域在一维向量的位置，并取出各个比特 */
function Send_Bit;
input dummy;
begin
  is_vpi     = bit_count<12;
  is_vci     =(bit_count<(12 + 16)) & (bit_count >= 12);
  is_pt      =(bit_count<(12 + 16 + 3)) & (bit_count >= (12 + 16));
  is_clp     =(bit_count<(12 + 16 + 3 + 1))& (bit_count >= (12 + 16 + 3));
  is_hec     =(bit_count<(12 + 16 + 3 + 1 + 8))&(bit_count >= (12 + 16
+ 3 + 1));
  is_payload = bit_count>=(12 + 16 + 3 + 1 + 8 );
  if (is_vpi)
     Send_Bit = vpi[11 - bit_count];
  else if (is_vci)
     Send_Bit = vci[15 - (bit_count - 12)];
  else if (is_pt)
     Send_Bit = pt[2 - (bit_count - 12 - 16)];
  else if (is_clp)
     Send_Bit = clp;
  else if (is_hec)
     Send_Bit = hec[7 - (bit_count - 12 - 16 - 3 - 1)];
  else
  begin
    temp[7:0] = payload[(bit_count - 12 - 16 - 3 - 1 - 8) / 8];
    Send_Bit = temp[7 - ((bit_count - 12 - 16 - 3 - 1 - 8) % 8)];
  end
    bit_count  = bit_count + 1;
end
endfunction
endmodule


/* 测试程序 */
module tb_ATM;

atm_cell_type cell_Send();     //实例化一个ATM信元;

reg clk;
integer i;
```

```verilog
reg atmdata;
reg [0 : 423] serialBits;
reg isequal;

initial begin
  /* 给ATM信元的各个比特赋值 */
    cell_Send.vpi     = 12'h 090;
    cell_Send.vci     = 16'h ffff;
    cell_Send.pt      = 3'h 3;
    cell_Send.clp     = 1'b0;
    cell_Send.hec     = 8'h 09;
    for (i =0; i <=48; i = i+ 1)
        cell_Send.payload[i] = 8'h 5a;
    cell_Send.bit_count = 0;
    serialBits          = 424'h0;
end

initial begin
  clk = 0;
end

always #5 clk = ~clk;

always @(posedge clk)                    //按比特串行发送该信元
    atmdata = cell_Send.Send_Bit(0);

always @(negedge clk)   begin            //接收信元
    serialBits = {serialBits[1:423],atmdata};
    if (serialBits == cell_Send.ToBits(0))   //比较发送和接收信元是否相等;
        isequal = 1'b1;
    else
        isequal = 1'b0;
end
endmodule
```

在上面这个例子中，定义了没有任何输入和输出的模块 atm_cell_type，在该模块中定义了图 3.12 所示的 ATM 信元的各个字节。由于这个记录不是一个真正意义上的记录，因此不能直接进行比较和赋值等记录相关操作，需要将记录转换成等价的一维数组，才可以进行比较和赋值等操作。tb_ATM 是一个测试模块，该模块首先实例化 atm_cell_type，实际上就是形成了一个 ATM 信元的记录结构，然后给这个结构中的不同域进行赋值。用一个时钟驱动形成串行的比特流 atmdata 发送，atmdata 应该连接到被验证的 ATM 设计上，在这里只是为了说明如何形成 ATM 数据流，省略了设计部分。在这个测试程序中还有一个接收过程，这个接收过程将接收的 ATM 流和发送码通过一维数组的形式进行比较。

3）多维数组

二维数组是一种常用的数据结构，在实际的设计中，常常用于对 RAM 等数据结构的建模。对于仿真而言，二维数组提供了构造复杂数据结构的一种简单方法。有些情况下，测试激励需要构造有固定格式的循环数据，使用二维数组是一种较好的方法。下面举例说明。

例 3.6 使用二维数组产生以太网帧，帧格式如图 3.13 所示。

Preamble&SFD	DA	SA	TYPE/LEN	payload	padding	FCS

图 3.13 以太网帧结构

其中：

（1）Preamble&SFD 是以太网的前导码，通常由 7 个字节的 "55" 和一个字节的 "d5" 组成，在接收以太网帧时，从 55->d5 的跳变确定以太网帧的开始位置。

（2）DA 是以太网帧的目的地址，即由哪个站点接收该以太网帧；该字段占用 6 个字节。

（3）SA 是以太网帧的源地址，即哪个站点发出了该以太网帧；该字段占用 6 个字节。

（4）TYPE/LEN 字段有双重定义，该字段占用 2 个字节，当 TYPE/LEN 字段值大于 1 536 时，表示以太网帧中承载的净荷是哪种上层协议数据，例如 0 800 表示是 IP 包；当 TYPE/LEN 字段值小于等于 1 536 时，表示以太网帧的长度。

（5）Payload 字段为以太网帧装载的上层协议的净荷，如 IP 协议数据。

（6）Padding 字段为可选的附加字段。以太网帧的帧长是 64 字节到 1 518 字节，当净荷 Payload 字段填入后帧长仍然小于 64 字节，则填入 Padding 字段，以满足最小 64 字节的要求。

（7）FCS 为 CRC32 校验字段，占用 4 个字节；它计算从 DA 到 Padding 的所有数据，从而产生 CRC32 校验码，接收方检测该字段以判断帧接收是否正确。

```verilog
module ethernet_data(rst_n,clk,tx_en,tx_dat8);
output rst_n,clk,tx_en ; reg rst_n,clk,tx_en ;
output [7:0] tx_dat8 ; reg [7:0] tx_dat8 ;
reg [7:0] tx_dat_defined [63:0];

//首先定义以太网帧
initial
begin
  tx_dat_defined[00] = 8'H00 ;  //DA
  tx_dat_defined[01] = 8'H07 ;
  tx_dat_defined[02] = 8'H95 ;
  tx_dat_defined[03] = 8'HE8 ;
```

```
tx_dat_defined[04] = 8'H79 ;
tx_dat_defined[05] = 8'H82 ;
tx_dat_defined[06] = 8'H00 ; //SA
tx_dat_defined[07] = 8'H0A ;
tx_dat_defined[08] = 8'HE6 ;
tx_dat_defined[09] = 8'HE3 ;
tx_dat_defined[10] = 8'H5C ;
tx_dat_defined[11] = 8'H4E ;
tx_dat_defined[12] = 8'H08 ; //TYPE
tx_dat_defined[13] = 8'H00 ;
tx_dat_defined[14] = 8'H45 ; //IP version=4,haad_length=20
tx_dat_defined[15] = 8'H00 ; //type of service=0
tx_dat_defined[16] = 8'H00 ; //total length
tx_dat_defined[17] = 8'H3C ;
tx_dat_defined[18] = 8'H6C ; //identification
tx_dat_defined[19] = 8'H63 ;
tx_dat_defined[20] = 8'H00 ; //flag=0
tx_dat_defined[21] = 8'H00 ; //fragment offset = 00
tx_dat_defined[22] = 8'H80 ; //time to alive
tx_dat_defined[23] = 8'H01 ; //protocol = ICMP
tx_dat_defined[24] = 8'H4B ; //head checksum
tx_dat_defined[25] = 8'H8A ;
tx_dat_defined[26] = 8'HC0 ; //source IP = 192.168.0.220
tx_dat_defined[27] = 8'HA8 ;
tx_dat_defined[28] = 8'H00 ;
tx_dat_defined[29] = 8'HDC ;
tx_dat_defined[30] = 8'HC0 ; //destination IP = 192.168.0.167
tx_dat_defined[31] = 8'HA8 ;
tx_dat_defined[32] = 8'H00 ;
tx_dat_defined[33] = 8'HA7 ;
tx_dat_defined[34] = 8'H08 ; //ICMP type=8(echo)
tx_dat_defined[35] = 8'H00 ; //ICMP code=0
tx_dat_defined[36] = 8'H00 ; //ICMP checksum=00 84
tx_dat_defined[37] = 8'H84 ;
tx_dat_defined[38] = 8'H02 ; //ICMP identifier
tx_dat_defined[39] = 8'H00 ;
tx_dat_defined[40] = 8'H4A ; //senquence number
tx_dat_defined[41] = 8'HD8 ;
tx_dat_defined[42] = 8'H00 ; //padding
```

```verilog
      tx_dat_defined[43]  =  8'H00 ;
      tx_dat_defined[44]  =  8'H00 ;
      tx_dat_defined[45]  =  8'H00 ;
      tx_dat_defined[46]  =  8'H00 ;
      tx_dat_defined[47]  =  8'H00 ;
      tx_dat_defined[48]  =  8'H00 ;
      tx_dat_defined[49]  =  8'H00 ;
      tx_dat_defined[50]  =  8'H00 ;
      tx_dat_defined[51]  =  8'H00 ;
      tx_dat_defined[52]  =  8'H00 ;
      tx_dat_defined[53]  =  8'H00 ;
      tx_dat_defined[54]  =  8'H00 ;
      tx_dat_defined[55]  =  8'H00 ;
      tx_dat_defined[56]  =  8'H00 ;
      tx_dat_defined[57]  =  8'H00 ;
      tx_dat_defined[58]  =  8'H00 ;
      tx_dat_defined[59]  =  8'H00 ;
      tx_dat_defined[60]  =  8'H56 ;  //FCS
      tx_dat_defined[61]  =  8'HCF ;
      tx_dat_defined[62]  =  8'H2B ;
      tx_dat_defined[63]  =  8'HB0 ;
end
parameter clk_width = 40; //时钟25MHz
integer  i ;
initial
begin
   rst_n = 1 ;
   clk  = 0 ;
#1 rst_n = 0 ;
#1 rst_n = 1 ; //产生复位信号
end
always #(clk_width/2) clk = ~clk ; //产生时钟

//产生以太网帧数据
initial
begin
   forever  //循环发送数据
   begin
#(clk_width*24);          //产生以太网帧间隔
```

```
txen = 1;                    //以太网数据使能
for(i=0;i<=63;i=i+1)         //连续发送 64 个字节以太网数据
begin
   tx_dat8=tx_dat_defined[i];
   #clk_width;
end
txen = 0 ;                   //发送完成，清除发送使能
tx_dat8 = 0 ;                //清零发送数据
end     //end of forever
end     //end of initial
endmodule
```

在本例中，首先预定义了发送的以太网数据帧，在一帧发送结束后，将发送使能清零，再进行下一次发送。有兴趣的读者可以按照例 3.5 将本例修改成记录格式，以便发送不同的以太网帧数据。

对于三维以上的数组应用，可以将三维数组变换成二维数组再实现。

3. 编写有结构的仿真代码

从代码可维护的角度，行为代码通常按功能和需求划分结构，如果功能非常复杂，应该把功能划分为若干个子功能，然后编写行为代码实现这些子功能。在 Verilog 中，可以用 module、function 和 task 实现仿真代码结构化。

封装是实现结构化仿真编码的主要手段。封装的主要思想是将实现的细节隐藏起来，将功能和它的实现完全分离开，只要封装的接口不变，实现的修改和优化就不会不影响用户的使用。这也是仿真代码可重用的基本出发点。下面介绍实现封装的几种方法。

1）变量局部化

（1）方法一：变量声明。

最简单的封装是尽可能地将变量的声明局部化，这种方法避免了局部变量与其他模块相互作用，产生不正确的结果。

例 3.7 在下面的两个循环语句中，I 是全局的，在执行时可能会导致意想不到的结果。

```
integer I;
always begin
 for (I = 0; I<=32, I = I + 1) begin
 …
 end

always begin
    for (I=5; I>0, I = I - 1) begin
 …
 end
```

对上述结构稍加修改，使得变量说明局部化。将每个 always 块命名一个名称，为了这里的 I 值不影响其他模块的执行，将变量 I 在每个模块的内部声明。

```
always begin : block_1
 Integer I;
 for (I=0; I<=32, I = I+1) begin
 …
end

always begin : block_2
 integer I;
 for (I=5; I>0, I=I-1) begin
 …
end
```

通过正确的封装，这些局部变量就不会被其他 always 和 initial 块所访问，产生不良的效果。

（2）方法二：用 task 和 function 使变量局部化。

在 Verilog 语言中，用 task 和 function 也可以使声明局部化。

例 3.8 sin 函数可以用 function 实现，在 function 中定义的 real x、x1、y、y2、y3、y5、y7、sum、sign 都是局部变量。

```
function real sin;
  input x;
  real x;
  real x1,y,y2,y3,y5,y7,sum,sign;
  begin
   …,…
  end
endfunction
```

2. 封装子程序

有些子程序在多个项目中都非常有用，可用以下三种方法实现子程序的封装：

（1）方法一：在使用子程序时，将它们复制到测试程序中，这种方法的缺点是代码可维护性差，增加代码量。

（2）方法二：将这些公用的代码放在一个单独的文件中，然后通过 `include 命令将它们包含在需要它们的测试程序中。

例 3.9 下面的一段代码是常用显示错误信息的代码，它是以任务的形式构造的，放在 msg.v 文件中。其他模块用到错误信息显示时，可用 include 将代码包含进来。

```
/*  FILE msg.v */
task write_error;
input[14:0] addr;
begin
 $display ("read register %h doesn't equal write value, -ERROR-", addr);
endtask

/* invoke msg.v */
…
`include "msg.v"
if (…) error(14'h 0090);
…
….
if (…) error(14'h 0010)
```

这种实现方法的缺点是：

① 每个包含任务的模块要编译 task，因而 task 任务不可能包含全局变量；

② 不能将编码封装在所需要的模块中，因为 task 没有包含在一个模块的。

（3）方法三：将任务放在仿真模块中，但是不在任何使用任务的任何模块实例化。通过一个绝对的层次路径访问该模块。

例 3.10

```
module syslog;
   integer warings;
   integer errors;
   initial
      begin
        warning = 0;
        errors  = 0;
      end

task warn;
   input [80:0] msg;
      begin
        $write("warning at %t : %s",$time,msg);
        warnings = warnings + 1;
      end
endtask
…
endmodule
```

```
module testcase
    initial
        begin
            …
            if (…) syslog.warn("Unexpected respones")
            …
        end
```

3. 总线功能模型 BFM（Bus Function Module）

1）BFM 简介

目前，EDA 界广泛用总线功能模型 BFM，有时也称为事务处理程序（transactions）描述模块的功能。所谓 BFM 就是 DUV 和 testbench 之间的一种抽象。它是任务的集合，集合中的每个任务完成一个特定的事务，事务可以是非常简单的操作，如内存的一次读、写，也可以是非常复杂的操作，如通信中有结构的数据包。BFM 被直接链接到 DUV 上。图 3.14 中给出了 BNF、testbench 和 DUV 之间的关系。

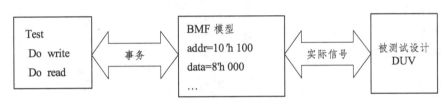

图 3.14　事务和事务处理程序之间的关系

2）应用示例

下面我们通过一个 cpu 接口的例子说明 BFM 的概念。

例 3.11　在 CPU 接口应用中，我们通常需要对某个寄存器的特定位进行设置。为了完成这个任务，首先是根据地址读出寄存器的值，然后将改写位（设置位）的值和不改写位的值一起再回写到该寄存器中。

我们可以将 CPU 接口抽象成图 3.15 的形式，根据预定义的协议，由 CPU BFM 产生 CPU 接口所需要的实际物理信号，如图右侧所示，左侧接口则是用特定的数据初始化一个事务，根据不同的事务，CPU BFM 产生不同物理信号，所以把左侧的接口称为过程接口。

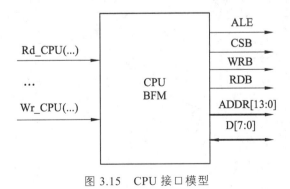

图 3.15　CPU 接口模型

可以根据 CPU 接口的时序，应用 task 产生 CPU 每次读写操作所需要的 CPU 地址、读写信号、片选信号等。假设这个 CPU 接口的地址总线是 14 位，数据总线是 8 位。

```
/* 定义 CPU 接口所需要的信号 */
module cpu_interface (A,        // 地址总线;
D,                  // 数据总线;
ALE,                //ALE 地址使能信号
WRB,                //CPU 写信号
RDB,                //CPU 读信号
CSB);               //CPU 片选信号
Output [13:0] A;
inout [7:0] D;
output ALE;
output WRB;
output RDB;
output CSB;
reg [13:0] A;
reg ALE;
reg WRB;
reg RDB;
reg CSB;
// 定义 CPU 读写信号的所需要的时序参数
parameter tSalr = 10,  tSlr = 5, Prd = 30, tHrd = 10, tHar = 10,
tVl = 5, tSalw = 10, tVwr = 40, tSdw = 20, tSlr = 5;
parameter data_width = 8, addr_width = 14;
reg [data_width :0] work_reg;

task rd_cpu;    //读操作所需要的时序;
input [addr_width:0] Addr;
#10    A = addr;
    CSB = 1'b0;
#(tSalr-tVl) ALE= 1'b0;
#tVl      ALE=1'B1;
#tSlr     RDB = 1'B0;
#Prd      work_reg = D;
#tHar     A = 14'h 0000;
        CSB = 1'b1;
end
endtask
```

```
task wr_cpu ; //写 CPU 操作
input [addr_width:0] addr;
input [data_width:0] write_value;
begin
#10 A = addr;
    CSB = 1'B0;
#(tSalw-tVl) ALE = 1'B1;
#tVl        ALE = 1'B0;
#tSlw       ALE = 1'B0;
#(tVwr-tSdw) D = write_value;
            wrb = 1'b1;
#tHdw       Release D;
            A = 14'H 0000;
            CSB = 1'B0;
end
endtask


/* 设置 CPU 所写值 */
task set_value;
input [addr_width:0] addr;    //进行 CPU 操作的地址
input [data_width:0] expect_bits;
//8 位，如果在对那一位进行操作，则把该位设置成 1。
input[data_width:0] expect_value;
//8 位，设置的值。
reg [data_width:0] written_value;
begin
rd_cpu(addr);  //调用读任务，从相应的地址中读出相应的值，放在寄存器变量
work_reg 中。
written_value = ~expect_bits & work_reg | expect_bits & expect_
value;
//将需要设置的值写入到对应位。
wr_cpu(addr, written_value);
//写入对应位。
rd_cpu(addr);
if (~ (work_reg == written_value)) begin // 写入值是否正确？
 $display("-ERROR-, register %h write wrong !",addr);
 $stop; //如果写入值错，那么仿真暂停。
end
```

```
end
endtask
endmodule
```

上面的例子包含了三个任务，第一个任务 rd_cpu 是读指定地址的寄存器内容。第二个任务 wr_cpu 是将指定的值写入到指定的寄存器中。第三个任务 set_value 是在前两个任务的基础上构造而成的，首先读出指定寄存器的内容，然后将读出的内容用指定位（expect_bits）的内容（expect_value）替换，其他位的值则保持不变，得到的值放 written_value 中，将它的值再写入到指定寄存器（addr）中。最后将读出写入的寄存器的内容和 written_value 比较。如果结果正确，说明指定的值已正确写入指定的寄存器。否则给出错误提示，同时仿真暂时停止。

另外，上面的例子包含了一些参数定义，这些参数可以根据不同类型 CPU 的读写时序进行定义。本例在任务调用的时候，省略了 CPU 时序参数的传递。

3）BFM 的调用

验证程序调用 cpu_interface 接口中的任务 rd_cpu、wr_cpu、set_value 的方法如下：

（1）方法一：在测试程序中，通过实例化 cpu_interface 模块，直接将 cpu_interface 的实例和被测试的设计连接，通过层次关系调用元件 cpu 中的任务。

例 3.12　调用 cpu-interface 接口。

```
module testcase;
….
….
cpu_interface cpu_inst (.A(A),
.D(D),
.ALE(ALE),
.WRB(WRB),
.RDB(RDB),
.CSB(CSB));
 DUV   DUV_inst ( /* other signal */
           …
           /* cpu signal */
           .A(A),
           .D(D),
.ALE(ALE),
.WRB(WRB),
.RDB(RDB),
.CSB(CSB),
/* other signal */
….    );
initial
```

```
begin
  #300  cpu.set_value(14'h 0010, 8'b0010_1000, 8'h0000_1000);
  …;   //other operation
  #1000 cpu.set_value(14'h 0001, 8'b0011_1100, 8'h0010_1100);

… ; //other operation
end
endmodule
```

cpu_interface 的信号可以直接连接到 DUV 上。Initial 中，有两次对寄存器的设置，一次在开始后的 300 时间单元，通过调用 cpu 模块下的 set_value 将寄存器 14'h0010 的比特 3 位设置成 1，比特 5 设置成 0；第二次调用 set_value 设置寄存器 14'h0001 的比特 2、3、4、5为 1110。

（2）方法二：将测试程序中所有与 DUV 有关的模块分离出来，形成另外一个层次，它在测试文件和 BFM 中间。

```
Module harness;
…
Cpu_interface  cpu_inst (.A(A),
.D(D),
.ALE(ALE),
.WRB(WRB),
.RDB(RDB),
.CSB(CSB));
DUV   DUV(…,    //other signal
               .A(A),
               .D(D),
.ALE(ALE),
.WRB(WRB),
.RDB(RDB),
.CSB(CSB),
….    ); //other signal;

…
endmodule
在测试程序中调用 haress 模块。
module testcase;
…
harness th();
initial
```

```
begin
  #300  th.cpu.set_value(14'h 0010, 8'b0010_1000, 8'h0000_1000);
  …   //other operation
  #1000 th.cpu.set_value(14'h 0001, 8'b0011_1100, 8'h0010_1100);

… ; //other operation
end
endmodule
```

由于 harness 没有和其他模块连接的任何信号，因此它们可以不用实例化，它们可以形成附加的仿真项，与 testbench 和 DUV 同时运行，可以通过绝对名称访问 Harness 中的任务和函数。

在 Modelsim 中，使用下面命令

```
-vlog testbench.v harness.v cpu.v dut.v
-vsim testcase harness cpu duv
```

从上面的例子，我们可以看出引入 BFM 的优点在于：

① 有利于验证重用：测试程序可以直接应用到功能相同，但不具有相同接口的设计中，而事务处理程序则可以重用在具有相同接口的不同设计中；

② 由于事务处理程序封装了接口的实现细节，因此可以极大地提高测试程序的开发效率；

③ 提高了仿真代码的可阅读性。

4. 编写具有层次结构的仿真代码

从上面的 CPU 接口的仿真代码例子中，我们可以看出，其中包含了一定的层次结构。验证工程师在最顶层，只需要写出特定的完成某项功能验证的事务序列，这些序列中的事务去调用不同的事务处理程序，事务处理程序又可以去调用更低层的事务处理程序，以产生 CPU 接口所需要的物理信号。这种层次化结构可以为验证工程师提供一个良好的可操作环境，使他们更关注于 DUV 的验证而不是注意如何产生 DUV 接口信号。

可以将验证代码的构成划分成如图 3.16 所示的 4 个层次结构，低层为它的高层提供一定的服务，而高层事务通过 BFM 将所处理的事务传递给低层。

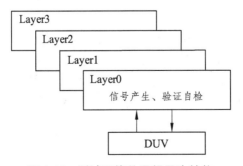

图 3.16　测试环境的逻辑层次结构

（1）第0层是信号产生和验证自检层。0层直接连接到DUV上，根据更高层所处理的事务，产生各类DUV所需要的正常数据和异常的数据，同时DUV的输出也直接连接到这一层，以便自动检查输出激励是否和预期值一致。在这层中，可以按功能划分模块以提高验证代码的可重用性。

（2）第1层为底层BFM层，这层的BFM将第1层的事务形成满足第0层所需要的具体信号，同时为其上层提供功能调用。

（3）第2层为高层BFM层，这层的BFM利用第1和第2层提供的低级BFM，构造更高级的BFM。第1层和第2层之间没有明确的界限，可根据不同的设计项目确定。

（4）第3层是面向应用层，这层由验证工程师们实现，根据验证方案调用第1层和第2层提供的BFM，以产生不同约束的测试序列。

在上面的层次结构中，第0层由熟悉被验证芯片时序的工程师完成，同时他们也完成底层的BFM。因为底层的BFM需要直接产生第0层所需要的信号，而这些信号的具体时序只有设计工程师清楚。而其他层的BFM可由验证工程师完成，验证工程师可以不必关心仿真信号时序，也不必关心第0层的实现细节。有了这样一个层次结构，验证工程师通过图3.16的第3层访控制第0层产生所需要的激励或进行自检。

5. 编写具有自检查功能的仿真程序

设计的有效性必须通过设计对激励响应的结果得以体现，有几种方式可以检查设计响应是否正确。

（1）方法一：通过人工观测DUV输出波形的结果是否正确，是常用的一种方法，这种方法简单、直观。在出错时，通过人工干预，可以立即停止仿真。但是，其缺点是工作量大，易出错。

（2）方法二：通过日志的方式，将一些结果输出到文件中，在仿真结束后，分析日志文件的结果。这种方式的主要缺点是：结果分析需要等到仿真结束。

（3）方法三：自检查方式，所谓的自检查方式是：在仿真过程中，自动将预期的结果和仿真输出的结果进行比较，一旦出错，仿真自动停止。这种方式的优点是能在仿真的过程中，并行地自动检查设计的正确性。

理想情况下，预期的结果通过参考模型体现，图3.17给出了参考模型、激励、DUV之间的关系。通常，建立一个功能非常完善的参考模型比较困难，需要大量的时间，对于功能比较复杂的设计，纯用Verilog或VHDL语言比较难以实现，可以使用一些专用的验证语言，如Syopsys公司的Vera、VCS或Cadence公司的testbuilder等，也可以使用C/C++等高级语言构造参考模型。

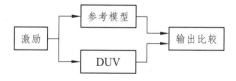

图3.17　具有自检查结构的仿真

然而，对于一些比较特殊的设计，如果能知道特定激励下的期望响应，就可以采用一些特殊的方式来实现自检查的设计。例如，对于 SDH 设计和以太网等与输入激励有密切关系的输出，可以通过 FIFO 对输入进行缓存，在特定的时刻将输入和输出进行比较，实现自检查功能。

6. 编写可重用的验证代码

大规模 FPGA/ASIC 设计一般由多个层次构成，设计人员必须对各个层次上的子模块逐一验证，然后将这些验证过的模块连接在一起形成高层规模较大的设计。为这些不同的子模块开发不同的验证环境实际上需要花费大量的时间和精力。验证重用是解决这一问题的有效方法，设计人员利用大量的可重用验证模块构造出不同层次模块的验证环境。

验证可重用有两种形式，一种是同一个芯片设计中验证重用，另一种是不同芯片设计之间的重用。在同一个芯片设计的重用是指在验证的不同周期或设计的不同阶段验证代码的重用。好的验证代码在子模块级和系统级验证时均可重用。不同芯片设计验证重用是指验证代码可以用于同一芯片的更新换代上，或用于一个包含许多标准设计模块的芯片或与以前设计有相似性的新设计中。

一般而言，需要重用的模块越多，所考虑的事项和投入的精力就越多。需要在验证重用所取得的效果和投入重用的资源之间做些平衡。资源控制、项目领导和安排以及重用所取得的效果都会影响开发策略。

为了优化重用，验证元件应该与公用的总线和 I/O 端口的功能块一致。

通常，仿真程序被划分成两个主要的部分：可重用的验证代码与专用的验证代码。两者之间的关系如图 3.18 所示。图中的 VIP 是指经过验证的仿真模块，可以重用。

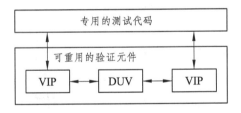

图 3.18　验证程序的构成

将验证程序分成两个部分，验证工程师可以利用 VIP 快速地构造适用于本项目的验证程序。如果本项目的 DUV 所有信号都已产生，那么，验证工程师只需要关注 DUV 的验证，专注于编写专用的测试代码即可。

VIP 的构造通常有层次结构，一旦底层的 VIP 被验证后，这些 VIP 可以被高层 VIP 所共享，也可以为其他仿真用例或项目所用。

3.3　基于断言的验证

实际上在软件设计中，断言已经得到了广泛的应用，它可以帮助软件工程师在软件开发及测试过程中更早更快地发现并定位出软件中可能存在的错误,是一种非常高效的调试方法。现在这种方法被引入集成电路设计的验证中，成为一种非常有效的调试电路的方法。

基于断言的验证是一种有效的白盒验证方法，它用 RTL 设计的源程序监视系统的关键行为，特别是在某些特殊情况下的行为。通过断言的方法，可以增加观测点，在仿真过程中及时发现设计错误。

为了说明基于断言的验证方法，首先介绍一些断言中用到的概念：

（1）特性（Property）：用于刻画设计特性的一些通用行为属性。特性可以是高阶属性，如进入或退出网络的数据包的一些特性，也可以是低阶属性，如 FIFO 的空满等。

（2）事件（Event）：事件在验证过程，一种希望出现的行为。例如，如果内存访问过程出错，我们希望能有一个合适的错误处理函数。作为验证的一部分，观测事件的目的是为了保证验证的完整性。确定事件出现的数目可以得到一些特殊的极端情形（corner case）量化信息，并指示其他已验证特性。事件的统计信息形成了功能覆盖度量（function coverage metric）。

（3）断言（Assertion）：断言是设计中希望特定性质为真的描述语句，断言的目的是捕获不希望在设计中出现的行为。断言是用于监控或检查施加在设计上的一些规则和假设的一种机制。

用户可以用各种硬件描述语言如 Verilog、VHDL 或 SystemC 等形成断言以监视设计在仿真过程中的行为，也可以利用已有的断言库，将断言直接加入到设计中。此外，一些专用的硬件特性描述的语言（Property Specification Language，PSL）和断言语言已经成为工业标准，并开始推向市场，例如 IBM 公司开发的 Suger 语言已被 Accellera 组织接受，成为 PSL 工业的标准，而 Synopsys 的 OVA 则是另一个经过实际设计验证的断言描述语言。

断言可以有多种实现方法，其中最常用也最简单的方法是所谓的叙述性的实现方法，即在设计结构中描述断言，断言和设计中的其他结构一起并发地计算。限于篇幅，我们仅简单介绍用 Verilog 语言实现叙述性断言的方法。

叙述性断言实际上是一些代码，这些代码一般需要包含三部分：一是断言的条件，二是报告信息，三是错误的严重程度以及相关的处理。

例如，不变性断言：assert_always [# (severity_level，options，msg)] inst_name (clk，reset_n，test_expr)，其中：

assert_always：断言的名称。

inst_name ：断言的实例化名称。

test_expr ：断言的条件，断言在每个时钟的上升沿检查表达式 test_expr，如果 test_expr 为假，也就是在设计中检测到错误，则激活断言。

[# (severity_level，options，msg)]：断言的参数，severity_level 表示错误的严重等级，根据不同的错误等级，进行相应的处理。另外一个是消息 msg，用于表示某个性质不成立时候要显示的信息。如果在模拟的过程中，违背了设定的性质，那么就会触发监视器。另外一个是可选的信息 options。

下面是 Assert_always 断言的代码。

```verilog
module assert_always (ck, reset_n, test_expr);
input ck, reset_n, test_expr;

parameter severity_level = 0;
```

```
parameter msg="ASSERT ALWAYS VIOLATION";

`ifdef ASSERT_ON
integer error_count;
initial error_count = 0;


always @(posedge ck) begin
`ifdef ASSERT_GLOBAL_RESET
if (`ASSERT_GLOBAL_RESET != 1'b0) begin
`else
if (reset_n != 1'b0) begin
`endif
if (test_expr != 1'b1) begin
error_count = error_count + 1;
`ifdef ASSERT_MAX_REPORT_ERROR
if (error_count <= `ASSERT_MAX_REPORT_ERROR)
`endif
$display("%s : severity %0d : time %0t : %m",msg, severity_level, $time);
if (severity_level == 0) $finish;
end
end
end // always
`endif
endmodule // assert_always
```

上述的断言是用于检测某个表达式是否永远为真，如果 test_expr 表达式不为真，那么错误计数器计算不为真的次数，如果错误计算器的值小于用户定义的错误次数，那么显示错误信息。如果定义错误等级为 0，则退出仿真。

从上面的实现我们可以看到，一个断言实际上就是一段 Verilog 代码，用模块的形式将其封装起来。因此，叙述性断言的用法非常简单，直接采用实例化的形式把断言嵌入设计就可以了，当测试条件不成立的时候，触发该断言。例 3.13 是说明如何使用 assert_always 断言的。该例子是一个模 9 的计数器，如果计数器的值不为 0~9，那么则启动该断言中的监控机制，并报告错误的信息。如果错误等级定义在 0，那么在出现错误仿真结束。

例 3.13 模 9 计数器中使用 always 断言。

```
module counter_0_to_9(reset_n,clk);
input reset_n, clk;
reg [3:0] count;
always @(posedge clk)
begin
```

```
if  (reset_n == 0 || count >= 9) count = 1'b0;
else count = count + 1;
end
assert_always #(0, 0, "error: count not within 0 and 9")  //always断言;
valid_count (clk, reset_n, (count >= 4'b0000) && (count <= 4'b1001));
endmodule
```

从上面的例子，我们可以看到，用 Verilog 叙述方法实现的断言，可以直接嵌入到设计的源代码中，说明静态和时序断言提供统一的信息报告机制。

利用断言的优点是明显的：

（1）可以节约仿真时间，在仿真的过程中动态地检查断言可以及时发现设计中不希望的行为，一旦出现了仿真错误，可以立即停止仿真。

（2）增加了设计的可观察性。

（3）减少了设计错误定位时间，可以准确而快速地定位设计错误。

（4）提供了一种捕获并确认接口约束的手段。

Accellera（www.accellera.com）推出了采用了断言思想的验证库 OVL（Open Verification Library），该库中用 HDL 语言（VHDL 和 Verilog）定义和实现了一些非常常用的属性声明。这个库资源是免费的，设计人员可以在设计里面直接使用这些属性声明来检测设计是否遵从了相应的设计属性，也可以对其进行修改用于不同的设计中，本节的例子就源于 OVL 库。

例 3.14 利用 OVL 中的 assert_never 监视 FIFO 的溢出情况。

```
module guarded_fifo (clk, reset_n, read, write, data_in, data_out);
input clk, reset_n, read, write;
input [15:0] data_in;
output [15:0] data_out;
 wire fifo_full, fifo_empty;
    fifo fifo (clk, reset_n, read, write, data_in, data_out, fifo_full,
fifo_empty);
    assert_never #(0, 0, "Fifo overflow") fifo_overflow (clk, reset_n,
fifo_full && write);
    assert_never #(0, 0, "Fifo underflow") fifo_underflow (clk, reset_n,
fifo_empty && read);
    endmodule
```

3.4 时序验证

时序验证的目的是为了确认物理实现的电路时序是否满足时序规范要求。时序规范用于约束一个电路的接口信号和周围环境之间的时序关系或约束电路内部的延时。时序验证的方法分为动态验证和静态验证两种，本节简单地介绍静态时序分析中涉及的一些基本概念和动态时序验证中用到的一些系统函数。静态时序分析涉及很多算法，有兴趣的读者可以参阅相关文献。在后续章节中，详细介绍 Altera 静态时序分析工具的使用和动态时序仿真的方法。

3.4.1 静态时序分析概述

1. 静态时序分析与动态时序分析

时序验证分为两种方法实现：一是动态时序分析或者后仿真，即根据电路中提取的延时参数，通过仿真软件动态地仿真电路的行为以验证时序是否满足要求。二是静态时序分析，即通过分析设计中所有可能的信号路径以确定时序约束是否满足时序规范。动态时序分析的时序确认通过仿真实现，分析的结果完全依赖于验证工程师所提供的激励。不同激励分析的路径不同，也许有些路径（比如关键路径）不能覆盖到，当设计规模很大时，动态分析所需要的时间、占用的资源也变得越来越大。与动态时序分析相比较，静态时序分析根据一定的模型从网表中创建无向图，计算路径延迟的总和，如果所有的路径都满足时序约束和规范，则认为电路设计满足时序约束规范。静态时序分析的方法不依赖于激励，且可以穷尽所有路径，运行速度很快，占用内存很少。它完全克服了动态时序验证的缺陷，适合大规模的电路设计验证。对于同步设计电路，可以借助于静态时序分析工具完成时序验证的任务。

静态时序分析主要完成的功能包括：

（1）建立时间/保持时间违规检查。

（2）恢复时间/移除时间检查（包括反向建立/保持）。

（3）最小和最大跳变。

（4）时钟脉冲宽度和时钟畸变。

（5）门级时钟的瞬时脉冲检测。

（6）总线竞争与总线悬浮错误等。

（7）对关键路径、约束性冲突、异步时钟域、组合环、假路径和某些瓶颈逻辑进行识别与分类。

有不少的 EDA 厂家都提供静态时序分析的工具，Synopsys 公司的 Primetime 和 Mentor Graphic 公司的 SST Velocity 是比较有影响的用于全定制 IC 时序分析的工具。FPGA 供应商如 Altera、Xilinx 和 Actel 也在其集成环境中嵌入了静态时序分析工具。

2. 时序路径

一般，在一个电路设计中存在四种基本时序路径（如图 3.19 所示）：

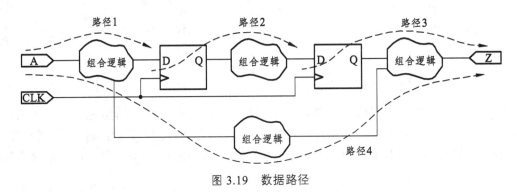

图 3.19　数据路径

（1）路径 1（Path1）：从输入管脚到 D 触发器的输入。

（2）路径 2（Path2）：从 D 触发器的输入到下一个 D 出发器的输入。

（3）路径 3（Path3）：从 D 触发器的输入到输出管脚。

（4）路径 4（Path4）：从输入到输出。

组合逻辑可能有多条路径，静态时序分析工具用最长路径计算最大延时，用最短路径计算最小延时，如图 3.20 所示。

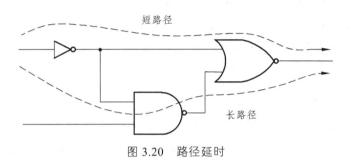

图 3.20　路径延时

除了上面的 4 类路径，还可能有如下的路径（如图 3.21 所示）：

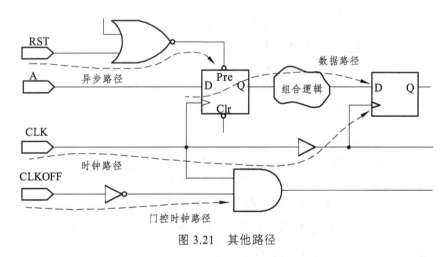

图 3.21　其他路径

（1）时钟路径（clock path）：从一个时钟的输入通过一个或多个缓冲器或反向器到达一个时序元件的时钟管脚的路径。

（2）门控时钟路径（clock-gating）：为检查建立、保持时间而设计的门控时钟路径（从输入端口到门控时钟元件）。

（3）异步路径：为检查恢复时钟和扇出而设置的异步路径（从输入端口到一个时序元件的异步的复位、置位端）。

如果一个电路具有多个独立的时钟，即不是由某个时钟经过分频或门控后得到的时钟，那么静态时序分析工具将每个不同的时钟管辖的路径划分到不同的组中进行时序分析，而对于那些终点不是存储元件输入的路径划分到默认的组中进行分析。

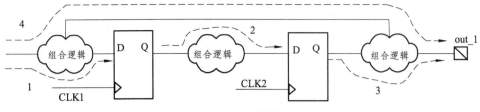

图 3.22　多时钟路径

图 3.22 中，路径 1 被划分到 clk1 组中，路径 2 被划分到 clk2 所管辖的组中，而路径 3 和 4 则在默认的组中。

在时序分析中，禁止组合环的存在，要求所有的反馈路径都可以在时钟边界被打断。静态分析工具通过反向跟踪路径终点到起点上升沿或下降沿的跳变来计算传输延时，并累加路径上的传输延时。

一条路径的延时等于在该条路径上所有元件和连线的延时之和，如图 3.23 所示。元件延时是一个门的输入到输出之间的延时。连线延时是时序分析路径上一个元件的输出到下一个元件输入之间的路径延时。两个元件连线之间的寄生电容，线电阻和驱动线上的有限驱动强度等都会引起延时。

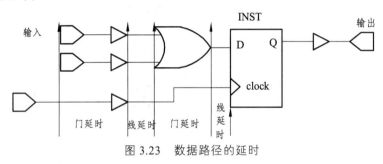

图 3.23　数据路径的延时

图 3.23 给出从输入段到寄存器 INST 之间的路径延时计算方法，这条路径包含了两个门延时和两个线延时。

一条路径的最长延时是由该路径的组合电路、存储元件、路径上门的扇出负载、信号之间的互连线负载、时钟的歪斜率、时钟抖动和信号的压摆率等决定的（稍后介绍相关的概念）。

3.4.2　静态时序分析中的基本概念

1. 扇入和扇出

一个逻辑门的扇入是指连接到该门输入的数目，一个逻辑门的扇出是指连接到该门输出的负载门的数目，如图 3.24 所示。扇出越多，延时越大。

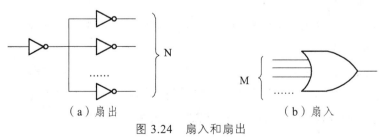

（a）扇出　　　　　　　　　　　　　（b）扇入

图 3.24　扇入和扇出

2. 压摆率（slew rate）

压摆率即电压变化的速度，工程上一般把压摆率定义为

$$\frac{\mathrm{d}V}{\mathrm{d}t} = \frac{(V_{OH} - V_{OL}) \times 80\%}{T_r(T_f)}$$

其中：V_{OH}：输出电平为逻辑 1 时的最大输出电压。

V_{OL}：输出电平为逻辑 0 时的最小输出电压。

上升时间（T_r）：输出电压从 0.1Vcc 上升到 0.9Vcc 所需要的时间（如图 3.25 所示）。

下降时间（T_f）：输出电压从 0.9Vcc 下降到 0.1Vcc 所需要的时间。

延时时间（T_{pd}）：输出电压从 0 上升到 0.5Vcc 所需要的时间（如图 3.25 所示）。

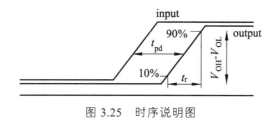

图 3.25　时序说明图

信号的压摆率对门的延时有影响，压摆率越大，延时越小；压摆率越小，延时越大。

3. 时钟歪斜（clock skew）

时钟在经过时钟路径后，到达存储元件的时间存在差别，这种时间差，称为时钟歪斜。由于在时钟网络上，各条时钟路径的长度不一样，因此会出现时钟歪斜。时序上相邻的寄存器在时钟歪斜较大的电路中，可能在同一时钟沿上出现时间违规或不能正确锁定数据的现象，所谓的时序相邻寄存器是指两个寄存器之间只有组合逻辑和它们之间的互连线，如图 3.26 所示。

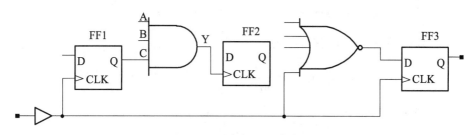

图 3.26　时序相邻的寄存器

在图 3.26 中只有 FF1 和 FF2，FF2 和 FF3 之间的时钟歪斜才是有意义，而 FF1 和 FF3 之间的时钟歪斜是没有意义的。给定时序相邻的两个寄存器 Ri 和 Rj 以及一个时钟网络，Ri 和 Rj 之间时钟歪斜定义为

$$Tskew(i, j) = T_c i - T_c j$$

其中 $T_c i$ 和 $T_c j$ 分别表示从源时钟到达寄存器 Ri 和 Rj 的时钟延时。

4. 寄存器的建立和保持时间

寄存器的建立和保持时间的验证是静态时序分析最重要的一个功能。所谓的建立时间是指一个数据信号在有效的时钟沿到达前必须稳定的最小时间，如图 3.27 和图 3.28 所示。数据的建立时间计算式（3-1）所示，其中：$Micro\ T_{su}$ 是 D 触发器内部固有的要求建立时间，不受外部信号的影响。

$$\text{数据的建立时间} = \text{最长的数据延时} - \text{最短的时钟延时} + Micro\ T_{su} \qquad (3\text{-}1)$$

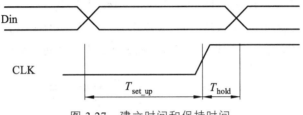

图 3.27　建立时间和保持时间

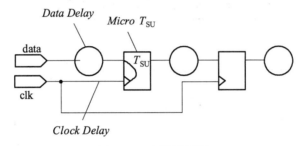

图 3.28　电路示意图

保持时间是指一个数据信号在有效时钟沿结束后必须稳定的最短时间，如图 3.27 和图 3.29 所示。保持时间的计算为

$$\text{最长的时钟延时} - \text{最短的数据延时} + Micro\ T_{H}$$

其中 T_{H} 为寄存器内部要求的保持时间。

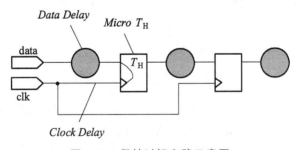

图 3.29　保持时间电路示意图

建立和保持时间都是相对于某个时钟沿而言的，例如，相对于时钟的上升沿。如果系统中寄存器元件的建立时间或保持时间存在违规，那么系统将不能正常工作。

5. 时钟到输出的延时

时钟到输出的延时是指信号通过寄存器传播到输出管脚后，在输出管脚上获得稳定有效的数据所要求的最大时间，如图 3.30 所示。延时计算为

最长的时钟延时 + 最长的数据延时 + D 触发器内部要求的时钟到输出的延时（$Micro\ T_{co}$）

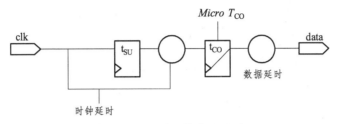

图 3.30　时钟到输出的延时

6. 输入延时与输出延时

一个 FPGA 设计总是和其他外围电路一起工作的，输入延时表示从 FPGA 设计外部的寄存器到 FPGA 一个特定输入管脚的延时，等于外部寄存器的时钟到其输出的延时加实际 PCB 板的延时，如图 3.31 所示。输出延时表示从 FPGA 设计一个管脚到外部的寄存器的延时，这个值是外部寄存器的建立时间加实际 PCB 板的延时。

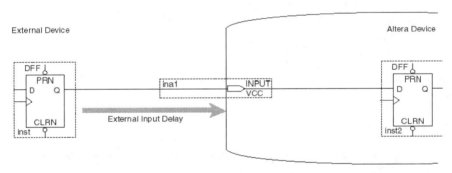

图 3.31　输入延时示意图

7. 恢复（Recovery）数据/撤销（Removal）数据时间

在时钟有效沿跳变前，异步控制输入信号（如 reset，clear）必须稳定的最小时间称为恢复时间。在时钟有效沿跳变后，异步控制输入信号（如 reset，clear）必须稳定的最小时间称为撤销时间。如图 3.32 所示。如果时钟有效沿和异步复位信号的结束之间的时间太短，寄存器无法判断是继续保持复位值，还是应该在时钟沿采样新的数据，从而导致寄存器的内容不确定。

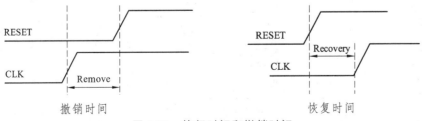

图 3.32　恢复时间和撤销时间

8. 时钟脉冲宽度

时钟脉冲宽度定义为一个时钟周期的高电平或低电平的最小宽度。如果脉冲宽度过小，那么存储器就不能正确锁存数据，如图 3.33 所示。

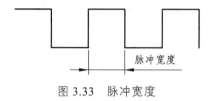

图 3.33　脉冲宽度

9. 最大时钟频率

最大时钟频率是指在不违背内部要求的建立和保持时间的前提下，电路工作的最快速度。最大的时钟频率计算如下（如图 3.34 所示）：

频率 = 1/最大的时钟周期；

最大的时钟周期 = 时钟到输出的时间 + 数据延时 + 建立时间 − 时钟的歪斜

$$= T_{co} + B + T_{su} - (E - C)$$

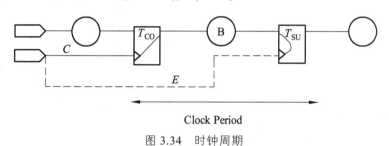

Clock Period

图 3.34　时钟周期

10. 裕度（slack）

裕度是时序要求与实际时序之间的差值，它反映了时序是否满足要求。正的裕度表示设计满足时序要求，而负的裕度表示设计不满足时序要求，图 3.35 为裕度的一种示意。

裕度 = 要求的时间 − 实际的时间

= 裕度时钟周期(slack clock period) − 数据延时(data delay) − T_{co} − T_{su}

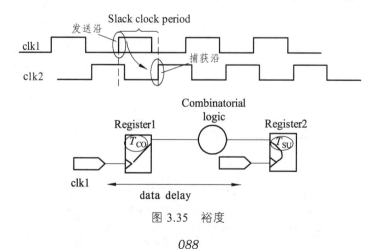

图 3.35　裕度

3.4.3 假路径和多周期路径

1. 假路径

静态时序分析工具对于一些我们称之为假路径的路径不能正确分析。那么什么是假路径？回答这个问题之前，我们首先介绍相关概念。

1）逻辑门的控制值和非控制值

如果一个逻辑门的输出值只取决于一个输入值，这个输入值就是该逻辑门的控制值，而其他值则为非控制值。例如，与门的控制就是 0，非控制值是 1，而或门的控制值是 1，0 为非控制值，如图 3.36 所示。

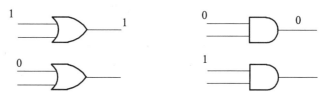

图 3.36　逻辑门的控制值和非控制值

2）路径敏化

（1）静态可敏化：对于一条路径，如果存在一组输入向量使得该路径上逻辑门的其他输入都被设置成非控制值，则这条路径称为可敏化路径。

例如图 3.37 中，假设不考虑互连线的延时，每个门的延时只有 1 个时间单位，虚线标出的路径（a-c-d-y-z）是不可静态敏化的，这条路径的长度为 4。从图中我们可以看出，当 $b = 0$ 时，$e = 1$，输出 z 为 1。当 $b = 1$ 时，$e = 0$，$y = 0$，输出 z 的值为 0。也就是说从输入 a 到 z 不能传递任何信号的跳变，这条路径不可敏化。由于这条路径不可敏化，因此，所以报告的最长路径为 3（a-c-d-y）。

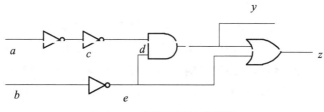

图 3.37　静态不可敏化路径

如果一条路径是静态不可敏化的，那么这条路径对于延时分析是没有贡献的，把这种路径称为是假路径。

（2）动态可敏化：如果在一条路径上，在不同的时间可以找到一组边输入，使得这条路径可以传输信号的跳变，这种敏化方式称为动态可敏化。

图 3.38 中，敏化路径 b-w_1-w_2-w_3-w_4-y 要求 $a = 1$（非控制值），在这种情况下，$a = 1$ 变成了门 g_1 的控制值，g_1 的输出为 0，导致 y 的输出为 0，这样 b-w_1-w_2-w_3-w_4-y 这条路径是不可静态敏化的。但是，如果先让 b 取 1 驱动 w_1，然后再切换到 0，这样就可以使得 b-w_1-w_2-w_3-w_4-y 传递信号的跳变。其时序图如图 3.39 所示。

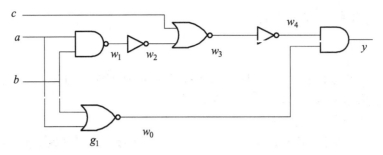

图 3.38 动态不可敏化路径

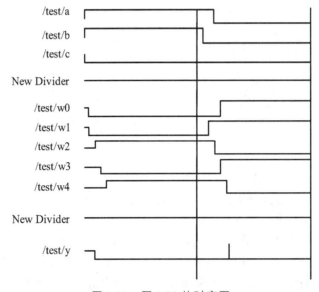

图 3.39 图 3.38 的时序图

3）多周期路径

图 3.40 说明了多周期路径的概念,上半部分路径包含了多于两级的寄存器,因此需要一个以上周期输入才会在输出有效。图的下半部分说明另外一种多周期路径,它只包含了两级寄存器,但是,这个路径上组合电路的延时比较大,要求多于一个周期的时间完成组合电路的计算,以便保证输出的有效性。

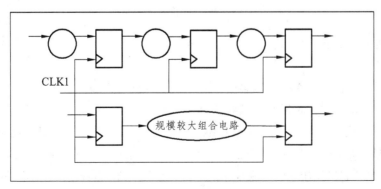

图 3.40 多周期路径

如果用户设计中包含了这些类型的多周期路径或者假路径，应该在时序检查时进行设置，使它们不被布局布线工具所限制，或者在进行时序分析的时候报告违规。

静态时序分析由 FPGA 开发系统中的静态时序分析工具自动完成，用户根据电路的特点，向静态时序分析工具提交时序约束文件，静态时序分析工具计算所有的可能的路径，检查电路设计是否满足时序要求，并给出详细的分析报告。用户根据报告对电路进行修改。

3.4.4　时序验证中的系统任务

在 Verilog 语言中提供了一些内建的系统函数，用于在动态仿真的时候检查设计的时序。这些任务可以自动监控仿真的行为，监测时序并报告时序违规。

1. 时序检查

如果一个 D 触发器的建立时间和保持时间不合乎要求，那么 D 触发器将不能正确工作。在动态仿真过程中，可以通过 setup 和 hold 两个函数进行动态的检测。

（1）$setup（data_event，reference_event，limit）：检查 data_event 在与 reference_event 相关的时间 limit 内是否出现建立违规，其中参数 limit 约束了建立时间的长短。例如，$setup（signal，posedge clk，5）检查在时钟上升沿到达前的 5 个时间单元，signal 是否出现建立时间违规。

（2）$hold（data_event，reference_event，limit）：检查 data_event 在与 reference_event 相关的时间 limit 内是否出现保持违规，其中参数 limit 约束了保持时间的长短。保持时间违规主要由于数据路径到 D 触发器的时间太短，在数据路径上开始点 D 触发器数据的变化传递到结束点 D 触发器的速度太快，结束点 D 触发器的数据输出还没有稳定，新的一次数据变换又到了。

2. 脉冲宽度检查

在时序器件中必须限制最小的脉冲宽度，D 触发器的时钟必须保证一定的宽度，以保证 D 触发器的正常工作。用$width（reference_event，limit）来检测时钟的宽度，limit 限制时钟的宽度。例如，$width（posedge clock，10）用于检测时钟 clock 的上升沿和下降沿之间的脉冲宽度是否小于 10。这个系统函数可以用于检测时钟信号上可能出现的毛刺和时钟信号的降级。

3. 时钟歪斜检查

时钟歪斜太大可能会影响到系统工作，如果一个时钟信号没有进入到时钟网络，往往会产生较大的时钟歪斜。$skew（reference_event，data_event，limit），这个函数在仿真过程中检查 reference_event 和 data_event 之间的距离是否大于 limit，是则报告时钟歪斜的错误。例如，$skew（posedge clk1，posedge clk2，3），检查两个时钟上升沿之间的间隔是否大于 3。

4. 时钟周期检查

系统函数$period（reference_event，limit）用于检查设计的工作周期，该函数连续监测 reference_event 时间，如果两个连续的 reference_event 之间的间隔小于 limit 则报告错误。

5. 恢复时间检查

系统函数$recovery（reference_event，data_event，limit）用于检查异步复位（reference_event）无效后，下一个有效时钟沿（data_event）达到的最小时间（limit），如果这个时间小于 limit，则报告错误。例如，$recovery（posedge reset，posedge clock，4）检查在复位信号 reset 无效后，第一个时钟上升沿和 reset 无效之间的时间是否小于 4。

第 4 章　Modelsim 仿真软件

Modelsim 仿真工具是由 Model 公司开发的，支持 Verilog、VHDL 以及他们的混合仿真。该工具可以将整个程序分步执行，使设计者直接看到程序下一步要执行的语句，而且在程序执行的任何步骤任何时刻查看任意变量的当前值，可以在 Dataflow 窗口查看某一单元或模块的输入输出的连续变化等，比 Quartus 自带的仿真器功能强大很多，是目前业界最通用的仿真器之一。

对于初学者，Modelsim 自带的教程是一个很好的选择，其路径为 Help→SE PDF Documentation→Tutorial。它从简单到复杂、从低级到高级，详细讲述了 Modelsim 各项功能的使用，简单易懂。需要特别指出的是，它里面所有事例的初期准备工作都已经放在 example 文件夹里，直接将它们添加到 Modelsim 就可以用，不清楚这一点的初学者往往不知道如何做当前操作的前期准备。

4.1　Modelsim 软件安装

同许多其他软件一样，Modelsim SE 同样需要安装及合法的 License。根据用户电脑操作系统不同选择不同软件进行安装。如 32 位操作系统选择 Modelsim-win32-10.2c-se.exe 软件；64 位操作系统选择 Modelsim-win64-10.2c-se.exe 软件进行安装。下面以 64 位操作系统为例讲解安装步骤。

（1）双击 Modelsim-win64-10.2c-se.exe 软件后。出现如图 4.1 所示界面，修改安装路径，路径修改完后，点击 next 按键，选择 Full product 安装。当出现 "Install Hardware Security Key Driver" 时选择否。当出现 "Add Modelsim To Path" 选择是。出现 "Modelsim License Wizard" 时选择 Close。注意：安装路径不含中文。

图 4.1　修改安装路径

（2）License 生成。先将 MentorKG.exe 和 crack.bat 一起复制到 Modelsim 安装目录的 win32 或 win64 下（Modelsim 一定要在这个目录下）；然后按下组合键"windows 键+R"，输入"cmd"，打开 CMD，输入"cd：C：\modeltech64_10.2c\win64"，进入到 win64 目录下，输入"crack.bat"，点击运行，产生 license 后，放到任意英文目录下（注意一定要使用 cmd 来进行此项操作）。

（3）修改系统的环境变量。右键点击桌面我的电脑图标，选择属性→高级→环境变量→（用户变量）新建。按图 4.2 所示内容填写

图 4.2　环境变量

（4）安装完毕，可以运行。

注意

1. 电脑的用户名不能为中文。
2. 安装路径不能出现中文和空格，只能有数字、英文字母和下划线"_"组成。

4.2　Modelsim 仿真方法

Modelsim 的仿真分为前仿真和后仿真，下面具体介绍两者的区别。

4.2.1　前仿真

前仿真也称为功能仿真，主旨在于验证电路的功能是否符合设计要求，其特点是不考虑电路门延迟与线延迟，主要是验证电路与理想情况是否一致。可综合 FPGA 代码是用 RTL 级代码语言描述的，其输入为 RTL 级代码与 testbench。

4.2.2　后仿真

后仿真也称为时序仿真或者布局布线后仿真，是指电路已经映射到特定的工艺环境以后，综合考虑电路的路径延迟与门延迟的影响，验证电路能否在一定时序条件下满足设计构想的过程。其输入文件为从布局布线结果中抽象出来的门级网表、testbench 和扩展名为 SDO 或 SDF 的标准时延文件。SDO 或 SDF 的标准时延文件不仅包含门延迟，还包括实际布线延迟，

能较好地反映芯片的实际工作情况。一般来说后仿真是必选的，用于检查设计时序与实际的 FPGA 运行情况是否一致，确保设计的可靠性和稳定性。后仿真在选定了器件分配引脚令后执行。

4.3 Modelsim 仿真的基本步骤

Modelsim 仿真主要有以下几个步骤：
（1）建立库并映射库到物理目录。
（2）编译原代码（包括 testbench）。
（3）执行仿真。
上述 3 个步骤是大的框架，前仿真和后仿真均是按照这个框架进行的，建立 Modelsim 工程对前后仿真来说都不是必须的。

4.3.1 建立库

在执行一个仿真前先需建立一个单独的文件夹，后面的操作都在此文件下进行，以防止文件间的误操作。然后启动 Modelsim 将当前路径修改到该文件夹下，修改的方法是点击 File →Change Directory 选择刚刚新建的文件夹，如图 4.3 所示。

图 4.3　新建文件夹

做前仿真的时候，推荐按上述方法建立新的文件夹。做后仿真的时候，在 Quartus II 工程文件夹下会出现一个文件夹：工程文件夹\simulation\Modelsim（前提是正确编译 Quartus II 工程），这样就不必再建立新的文件夹了。

仿真库是存储已编译设计单元的目录，Modelsim 中有两类仿真库：一种是工作库，默认的库名为 work；另一种是资源库。Work 库下包含当前工程下所有已经编译过的文件。所以编译前一定要建一个 work 库，而且只能建一个 work 库。资源库存放 work 库中已经编译过的文件所要调用的资源，这样的资源可能有很多，它们被放在不同的资源库内。例如想要对综合在 cyclone 芯片中的设计做后仿真，就需要有一个名 cyclone_ver 的资源库。

映射库用于将已经预编译好的文件所在的目录映射为 Modelsim 可识别的库，库内的文件应该是已经编译过的，在 Workspace 窗口内展开该库应该能看见这些文件，没有编译过的文件在库内是看不见的。

建立仿真库的方法有两种。一种是在用户界面模式下，点击 File→New→Library 出现如图 4.4 所示对话框，选择"a new library and a logical mapping to it"，在 Library Name 内输入要创建库的名称，然后点击 OK，即可生成一个已经映射的新库。另一种方法是在 Transcript 窗口输入以下命令：

vlib work

vmap work work

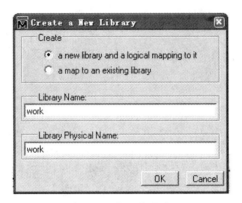

图 4.4　建立仿真库

如果要删除某库，只需选中该库名，点击右键选择 Delete 即可。需要注意的是不要在 Modelsim 外部的系统盘内手动创建库或者添加文件到库里；也不要在 Modelsim 用到的路径名或文件名中使用汉字，Modelsim 可能因无法识别汉字而导致不可预测的错误。

4.3.2　编写与编译测试文件

在编写 testbench 之前，最好先将要仿真的目标文件编译到工作库中，点击 Compile→Compile，将出现如图 4.5 所示的对话框。

图 4.5　编译目标文件

在 Library 中选择工作库，在查找范围内找到要仿真的目标文件（Library 选择刚才建立的库，查找范围选择目标文件所在的文件夹），然后点击 Compile 和 Done，或在命令行中输入"vlog Counter.v"。此时目标文件已经编译到工作库中，在 Library 中展开 work 工作库会发现该文件。

对要仿真的目标文件进行仿真时，需要给文件中的各个输入变量提供激励源，并对输入波形进行严格定义，这种对激励源定义的文件称为 testbench，即测试台文件。下面先讲一下 testbench 的产生方法。

方法一：可以在 Modelsim 内直接编写 testbench，Modelsim 提供了各种常用模板。具体步骤如下：

（1）执行 File→New→Source→verilog，或者直接点击工具栏上的新建图标，会出现一个 verilog 文档编辑页面，在此文档内设计者即可编辑测试台文件。需要说明的是在 Quartus 中许多不可综合的语句在此处都可以使用，切记 testbench 只是一个激励源产生文件，只要对输入波形进行定义以及显示一些必要信息即可，不要编得过于复杂。

（2）Modelsim 提供了很多 testbench 模板，直接使用可以减少工作量。在 Verilog 文档编辑页面的空白处用右键点击 Show Language Templates，会出现一个加载工程，在刚才的文档编辑窗口左边会出现一个 Language Templates 窗口，如图 4.6 所示。

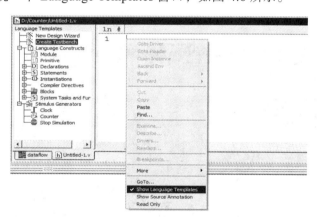

图 4.6　应用模板生成 testbench 文件

双击 Creat Testbench，出现一个创建向导，如图 4.7 所示。

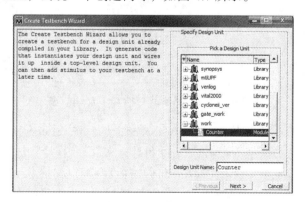

图 4.7　创建向导

选择 Specify Design Unit 工作库中 work 工作库下的目标文件，点击 Next 出现如图 4.8 所示对话框。

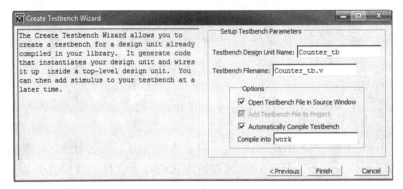

图 4.8　设置 testbench 向导

可以指定 testbench 的名称以及要编译到的库等，此处我们使用默认设置，直接点击 Finish。这时在 testbench 内会出现对目标文件各个端口的定义以及调用函数。接下来，设计者可以往 testbench 内添加内容（图 4.9 中有注释的部分为添加的内容），然后保存为.v 格式即可。按照前面的方法把 testbench 文件也编译到工作库中。

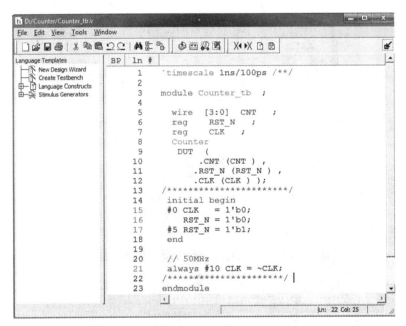

图 4.9　生成及修改后的 testbench 文件

方法二：在 Quartus Ⅱ 内编写并编译 testbench，然后将 testbench 和目标文件放在同一个文件夹内，按照前面的方法把 testbench 文件和目标文件都编译到工作库中。

如果在工作库中没有该文件（在 testbench 文件没有端口的情况下），则在 Simulate→Start Simulate 对话框中去掉优化选项，如图 4.10 所示。之后再重新编译，即可在工作库中找到该文件。

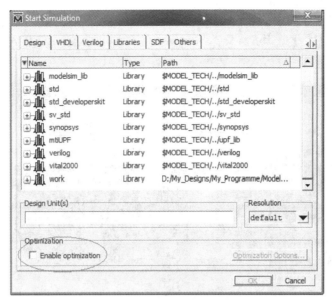

图 4.10　去掉优化选项

4.3.3　执行仿真

仿真分为前仿真和后仿真，下面分别说明其操作方法。

1. 前仿真

前仿真相对比较简单。前面已经把需要的文件编译到工作库内，现在只需点击 simulate→ Start Simulation，会出现 start simulate 对话框。点击 Design 标签选择 Work 库下的 testbench 文件，然后点击 OK 即可。也可以直接双击 testbench 文件 Counter_tb.v，此时会出现如图 4.11 所示的界面。

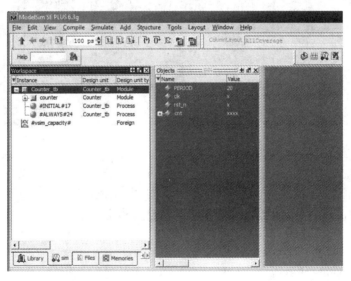

图 4.11　start simulate

在主界面中会弹出一个 Objects 窗口，用于显示 testbench 里定义的所有信号引脚，在 Workspace 里也会弹出一个 Sim 标签。用右键点击 Counter_tb.v，选择 Add→Add to Wave，如图 4.12 所示。然后将出现 Wave 窗口。

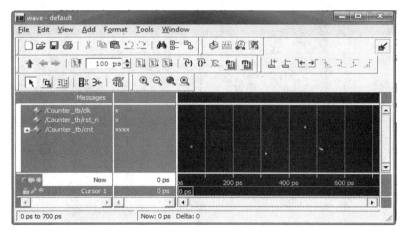

图 4.12　Wave 窗口

窗口里已经出现待仿真的各个信号，点击 run 将开始执行仿真，并显示 100 ns 的波形，继续点仿真波形也将继续延伸，如图 4.13 所示。

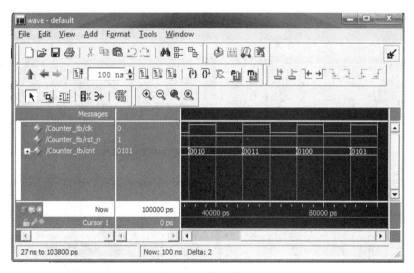

图 4.13　仿真波形

若点击 run ，则仿真一直执行，直到点击 stop 才停止仿真。也可以在命令行输入命令：run @1 000 则执行仿真到 1 000 ns，后面的 1 000 也根据设计者需求修改。在下一次运行该命令时将接着当前的波形继续往后仿真。至此，前仿真步骤完成。

2. 后仿真

本书采用 Cyclone II 做的一个 counter 的例子。后仿真与前仿真的步骤大体相同，只不过中间需要添加仿真库和所选器件以及所有 IP Core、网表和延时文件。

后仿真的前提是 Quartus 已经对要仿真的目标文件进行了编译，并生成了 Modelsim 仿真所需要的.vo 文件（网表文件）和.sdo 文件（时延文件），具体操作过程有两种方法：一种是通过 Quartus 调用 Modelsim，Quartus 在编译之后自动把仿真需要的.vo 文件以及需要的仿真库加到 Modelsim 中，操作简单；另一种是手动将需要的文件和库加入 Modelsim 进行仿真，这种方法可以增加主观能动性，充分发挥 Modelsim 的强大仿真功能。

1）通过 Quartus 调用 Modelsim

使用这种方法时首先要对 Quartus 进行设置。先运行 Quartus，打开要仿真的工程，点击菜单栏的 Assignments，再点击 EDA Tool settings，选中左边 Category 中的 Simulation，在右边的 Tool name 中选择 Modelsim（Verilog），选中下面的 "Run Gate Level Simulation automatically after complication"。如图 4.14 所示。

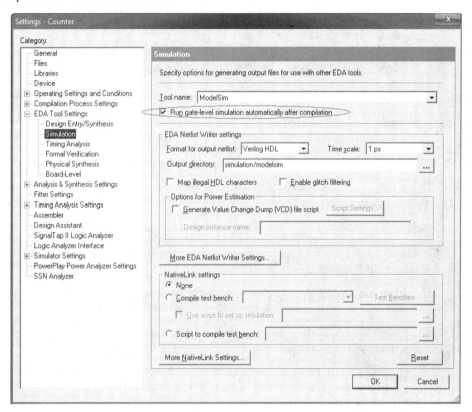

图 4.14　对 Quartus 进行设置

Quartus 中的工程准备好之后点击 start complication 按钮，此时 Modelsim 会自动启动，而 Quartus 处于等待状态（前提是系统环境变量中用户变量中的 PATH 已设置为 Modelsim 的安装路径，如：D：\Modeltech_6.3\win32）。在 Modelsim 的 Workspace 窗口中会增加工作库和资源库，而且 work 库中会出现需要仿真的文件。Modelsim 自动将 Quartus 生成的.vo 文件编译到 work 库，并建立相应的资源库。如图 4.15 所示。

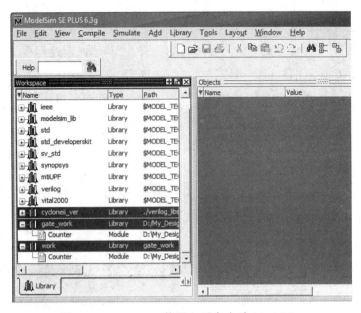

图 4.15　Quartus II 编译之后自启动 Modelsim

观察库，可以发现，增加了 verilog_libs 库、gate_work 库和 work 库，但是在"工程文件夹\simulation\Modelsim"下，只有 verilog_libs 和 gate_work 文件夹，可以发现库里多出来的 work 库与 gate_work 库文件内容相同。这是因为 gate_work 库是 Quartus II 编译之后自动生成的，而 work 库是 Modelsim 默认库。二者路径相同，均为 gate_work 文件夹，可知 Modelsim 将 gate_work 库映射到 work 库。因此，在后续的工作中操作 gate_work 库或者 work 库都能得到正确结果。

编写的测试台程序 Counter_tb.v，最好放在生成的.vo 文件所在的目录，以方便手动仿真时使用。点击 Compile，在出现的对话框中选中 Counter_tb.v 文件，然后点击 Compile 按钮，编译结束后点 Done，这时在 Work 库中会出现测试台文件。如图 4.16 所示。

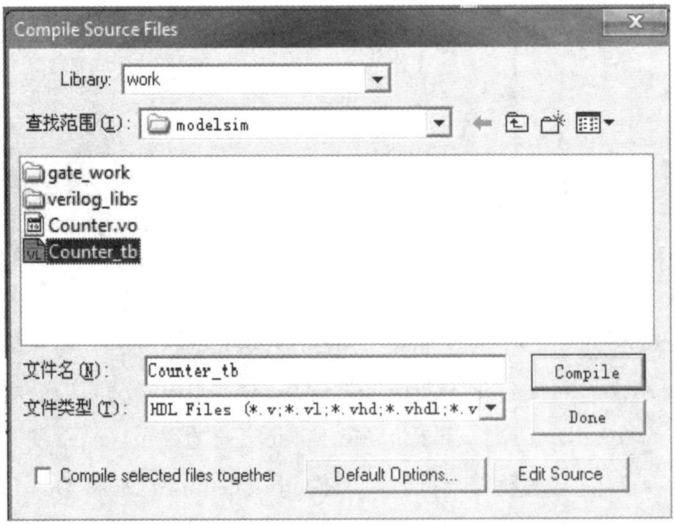

图 4.16　编译测试文件

点击 simulate→Start Simulation 或快捷按钮，会出现 start simulate 对话框。点击 Design 标签选择 Work 库下的 Counter_tb.v 文件，然后点击 Libraries 标签，在 Search Library 中点击 Add 按钮，选择仿真所需要的资源库（如果不知道需要选择哪个库，可以先直接点击 Compile 查看错误提示中报出的需要的库名，然后再重复上述步骤），如图 4.17 所示。

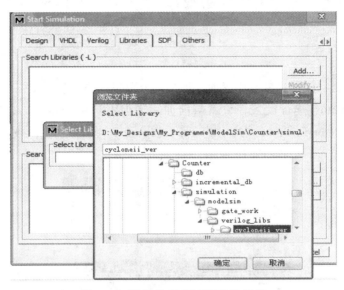

图 4.17 选择仿真所需要的资源库

再点 start simulate 对话框的 SDF 标签。在出现的对话框的 SDF File 框内加入.sdo 时延文件路径。在 Apply To Region 框内有一个 "/"，在 "/" 的前面输入测试台文件名，即 "Counter_tb"，在它的后面输入测试台程序中调用被测试程序时为被测试程序起的名称，本例中为 "DUT"，如图 4.18 所示。然后点 OK。后续观察波形与前仿真步骤相同。

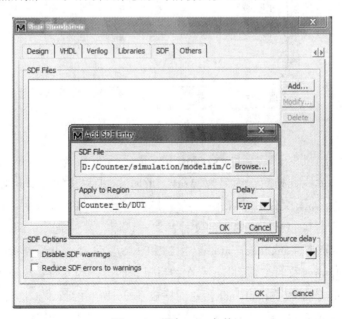

图 4.18 添加.sdo 文件

1）自动仿真

自动仿真比较简单，因为 Quartus II 调用 Modelsim 时，除了自动生成 Modelsim 仿真所需要的.vo 文件（网表文件）和.sdo 文件（时延文件）外，还生成了 gate_work 文件夹、verilog_libs 文件夹。gate_work 文件夹（工作库或编译库）下存放了已编译的文件，verilog_libs 文件夹下存放了仿真所需要的资源库，上例是 cycloneii_ver 库（文件夹）。而手动仿真则需要自己添加这些文件和库。

2）手动仿真

手动仿真需要自己添加文件和编译库，但可以充分发挥 Modelsim 强大的仿真功能。操作时也要先对 Quartus 进行设置，设置与前面相同但不选中 Run Gate Level Simulation automatically after complication。然后启动 Modelsim，将当前路径改到"工程文件夹\simulation\Modelsim"下。如图 4.19 所示。

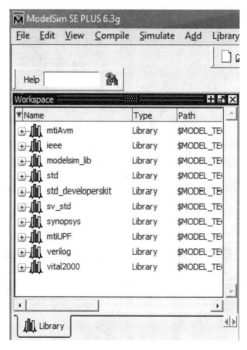

图 4.19　启动 Modelsim

相比自动仿真，这里少了一些库（verilog_libs 库、gate_work 库和 work 库），因此需要添加库。先新建一个库，此处默认库名为 work，此时，"工程文件夹\simulation\Modelsim"文件夹下出现了一个 work 文件夹，work 库下面没有目标文件和测试文件，即 work 文件夹下没有任何文件，建库的目的就是将编译的文件都放在该库（文件夹）里面。编译之前，还需要添加仿真所需要的资源库 cycloneii_atoms（用到 EP2C8），将 D：\altera\90\Quartus\eda\sim_lib 目录下的 cycloneii_atoms 文件复制到.vo 所在的目录，即"工程文件夹\simulation\Modelsim"下。按照前面描述的方法编写 testbench，并同样放在.vo 所在的目录，这时点击 Compile 下的 Compile，将会出现图 4.20 所示的对话框，选择文件，对其进行编译。

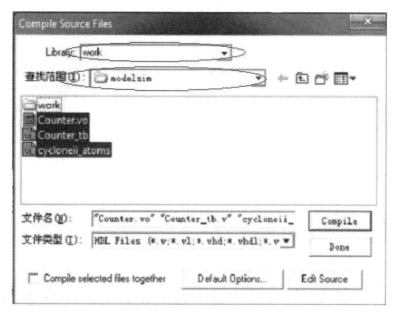

图 4.20　编译所需文件和资源库

编译完成之后，work 工作库下多了很多文件，同样 work 文件夹下也多了很多文件（夹），其中包括 Counter_tb 测试文件和 counter 目标文件。点击 simulate→Start Simulation 或快捷按钮，会出现 start simulate 对话框。这里和自动仿真相比只有 Libraries 标签在 Search Library 时不一样，其余 2 项都一样。Libraries 标签在 Search Library 的设置如图 4.21 所示。

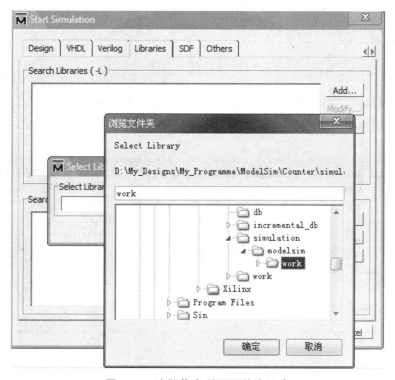

图 4.21　选择仿真所需要的资源库

4.4 Modelsim 波形

4.4.1 手动创建输入波形

对于复杂的设计文件，最好是自己编写 testbench 文件，这样可以精确定义各信号以及各个信号之间的依赖关系等，提高仿真效率。

对于一些简单的设计文件，也可以在波形窗口自己创建输入波形进行仿真。具体方法是鼠标右击 work 库里的目标仿真文件 counter.v，然后点击 create wave，弹出 wave default 窗口。如图 4.22 所示。

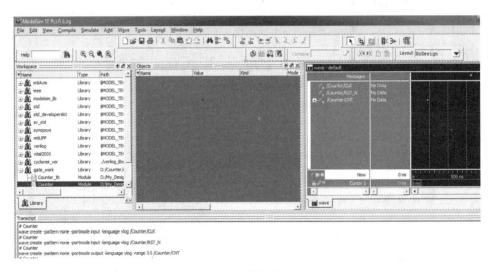

图 4.22　增加波形

在 wave 窗口中选中要创建波形的信号，如此例中的 CLK，然后点击右键，选择 Create/Modify/Wave 项，出现图 4.23 所示的窗口。

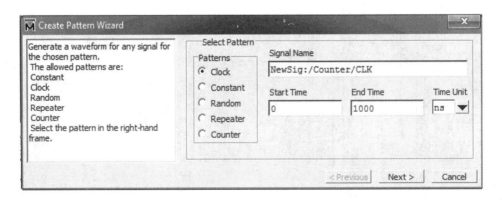

图 4.23　设置输入波形

在 Patterns 中选择输入波形的类型，然后分别在右边的窗口中设定起始时间、终止时间以及单位，再点 Next 出现图 4.24 所示的窗口，把初始值的 HiZ 改为 0，并修改时钟周期和占空比，然后点击 Finish。

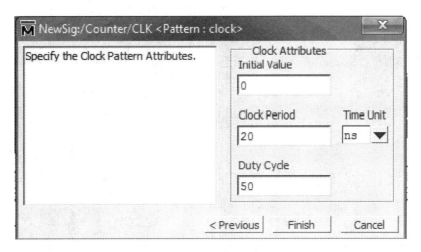

图 4.24　设置输入波形

接着继续添加其他输入波形，出现如图 4.25 所示的结果。前面出现的红点表示该波形是可编辑的。后面的操作与用 testbench 文本仿真的方法相同。

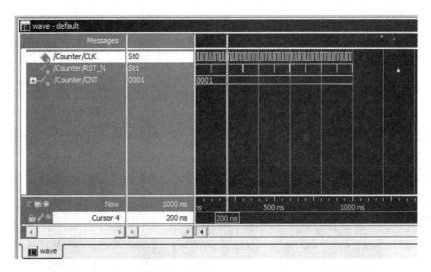

图 4.25　仿真波形

4.4.2　观察特定信号波形

如果设计者只想查看指定信号的波形，可以先选中 objects 窗口中要观察的信号，然后点击右键选择 Add to Wave→Selected signals，如图 4.26 所示，这样在 Wave 窗口中只添加选中的信号。

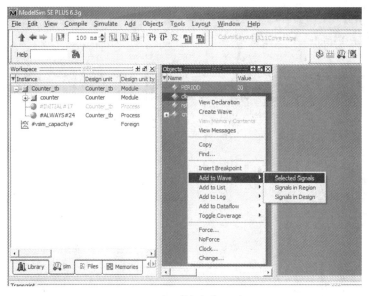

图 4.26　查看特定信号波形

4.4.3　保存和导入波形文件

如果要保存波形窗口当前信号的分配，可以点击 File→Save，在出现的对话框中设置保存路径及文件名，保存的格式为.do 文件。

如果是想导出自己创建的波形（在文章最后有详细的解释），可以选择 File→Export Waveform，在出现的对话框中选择 EVCD File 并进行相关设置即可。

如果要导入设计的波形，选择 File→Import ECVD 即可。

4.4.4　Dataflow 窗口观察信号波形

在主界面中点击 View→Dataflow，会出现 dataflow 窗口，在 objects 窗口中拖一个信号，在 dataflow 窗口中将出现选中信号所在的模块，双击模块的某一引脚，会出现与该引脚相连的别的模块或者引线，如图 4.27 所示。

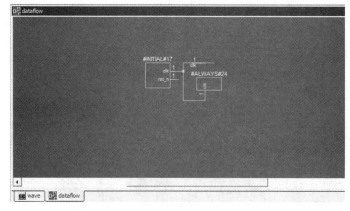

图 4.27　Dataflow 窗口

在 dataflow 窗口中点击 View→Show Wave，会出现一个 wave 窗口，双击上面窗口中的某一模块，则在下面的 wave 窗口中出现与该模块相连的所有信号，如果已经执行过仿真，在 wave 窗口中还会出现对应的波形，如图 4.28 所示。

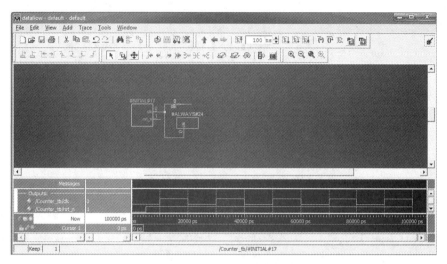

图 4.28　Dataflow 窗口观察仿真波形

在波形窗口中拖动游标，上面模块的引脚信号的值也会随着游标当前位置的改变而改变。

如果要在 Modelsim 中修改原设计文件，可在文档页面点击右键，取消 Read Only 即可修改，修改后继续仿真。如果想结束仿真，可以点击 Simulate→End Simulation，或直接在命令行输入 quit-sim，此时 Quartus 会显示结束所有编译过程。

第 5 章　Quartus 综合工具

Altera 公司的 QuartusII 提供了完整的多平台设计环境，能满足各种特定设计的需要，是单芯片可编程系统（SOPC）设计的综合性环境和 SOPC 开发的基本设计工具，并为 Atera DSP 开发包进行系统模型设计提供了集成综合环境。QuartusII 设计环境完全支持 VHDL、Verilog 的设计流程，其内部嵌有 VHDL、Verilog 逻辑综合器。QuartusII 也具备仿真功能，此外，与 MATLAB 和 DSP Builder 结合，可以进行基于 FPGA 的 DSP 系统开发，是 DSP 硬件系统实现的关键 EDA 工具。

本章将以数个简单的例子详细介绍 QuartusII 的使用方法，包括设计输入、综合与适配、仿真测试、优化设计和编程下载等方法。

5.1　基于 Quartus II 的系统设计流程

Quartus II 的一般设计流程如图 5.1 所示，QuartusII 支持多种设计输入方法，如：原理图式图形设计输入、文本编辑、第三方工具等。

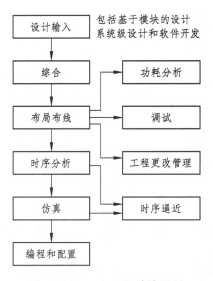

图 5.1　QuartusII 设计流程图

5.2 计数器的 Verilog HDL 设计

通过一个 4 位二进制计数器的设计实例,对 QuartusII 的重要功能和使用方法作一些说明,并详细介绍 QuartusII 的基本设计流程。

5.2.1 编辑设计文件

首先建立工作库目录,以便存储设计工程项目。

任何一项设计都是一项工程(Project),都必须首先为此工程建立一个放置与此工程相关的所有文件的文件夹。此文件夹将被 EDA 软件默认为工作库(Work Library)。一般,不同的设计项目最好放在不同的文件夹中,而同一工程的所有文件都必须放在同一文件夹中。在建立了文件夹后就可以通过 QuartusII 的文本编辑器编辑设计文件,步骤如下:

(1)新建一个文件夹。这里假设本项设计的文件夹取名为 CNT,在 F 盘中,路径为 F:\CNT。

注意:文件夹名不能用中文,也最好不要用数字。

(2)输入源程序。打开 QuartusII,选择菜单 File→New,在 New 窗口中的"Device Design Files"中选择编辑文件的语言类型,这里选择"Verilog HDL File"(如图 5.2 所示)。然后在 Verilog HDL 文本编辑窗口中输入 4 位二进制计数器的 Verilog HDL 程序。如图 5.2、图 5.3 所示。

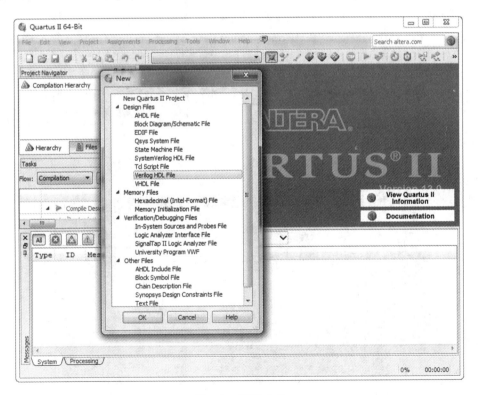

图 5.2 新建文件

111

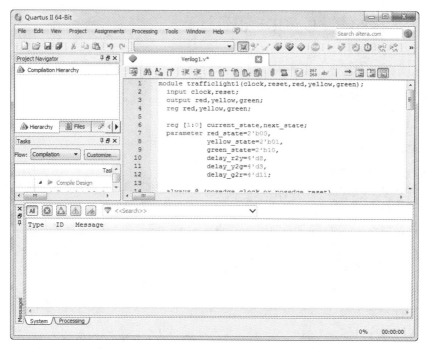

图 5.3　编辑输入设计文件

（3）文件存盘。选择菜单 File→Save As，找到要保存的文件夹 F：\CNT，文件名应与实体名一致，即 counter.vhd。当出现如图 5.4 中所示的 "Do you want to create a new project with this file?" 对话框时，若单击 "是"，则直接进入创建工程流程；若单击 "否"，则以后再为该设计创建工程。如果保存文件时选中 "Create newproject based on this file" 选项，则不会出现该对话框。

图 5.4　保存设计文件

5.2.2 创建工程

在此要利用 New Project Wizard 工具选项创建此设计工程，即令 cnt10.vhd 为工程，并设定此工程的一些相关的信息，如工程名、目标器件、综合器、仿真器等。详细步骤如下：

（1）打开建立新工程管理窗。选择菜单 File→New Project Wizard，弹出工程设置对话框（如图 5.5 所示）。单击此对话框最上一栏右侧的"…"按钮，找到文件夹 F：\ CNT，选中文件 cnt10.vhd（一般应设顶层设计文件为工程），再单击"打开"按钮，即可出现如图 5.5 所示的设置情况。其中第一行的 F：\ CNT 表示工程所在的工作库文件夹；第二行的 cnt10 表示此项工程的工程名，此工程名可以取任何名字，一般直接用顶层文件的实体名作为工程名；第三行是顶层文件的实体名，这里为 cnt10。

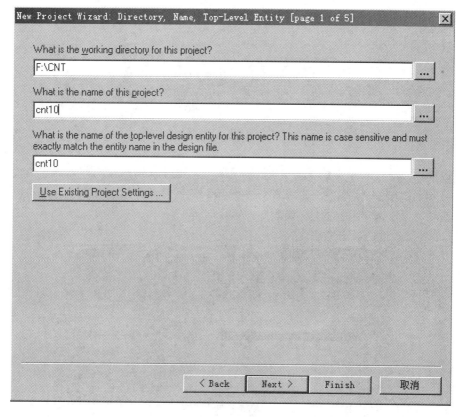

图 5.5　利用 New Project Wizard 创建工程 cnt4

（2）将设计文件加入工程。单击图 5.5 中的"Next"按钮，在弹出的对话框中单击 File 栏的按钮，将与工程相关的所有 Verilog HDL 文件加入此工程，即得到如图 5.6 所示的情况。加入工程文件的方法有 2 种：

第 1 种方法是单击"…"按钮，从文件夹 CNT 中选出相关的 Verilog HDL 文件，如我们刚刚存放的 cnt10.v。

第 2 种方法是单击"Add All"按钮，将设定的工程目录中的所有 Verilog HDL 文件加入到工程文件栏中。

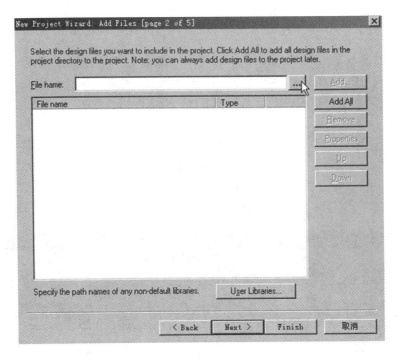

图 5.6　将相关文件加入工程

（3）选择目标芯片。单击图 5.6 中的 Next 按钮，选择目标芯片。首先在 Family 栏选择 Cyclone，在 Available devices 栏选择 EP1C12Q240C8（器件较多时，也可以通过右侧的封装、引脚数、速度等条件来过滤选择）。如图 5.7 所示。

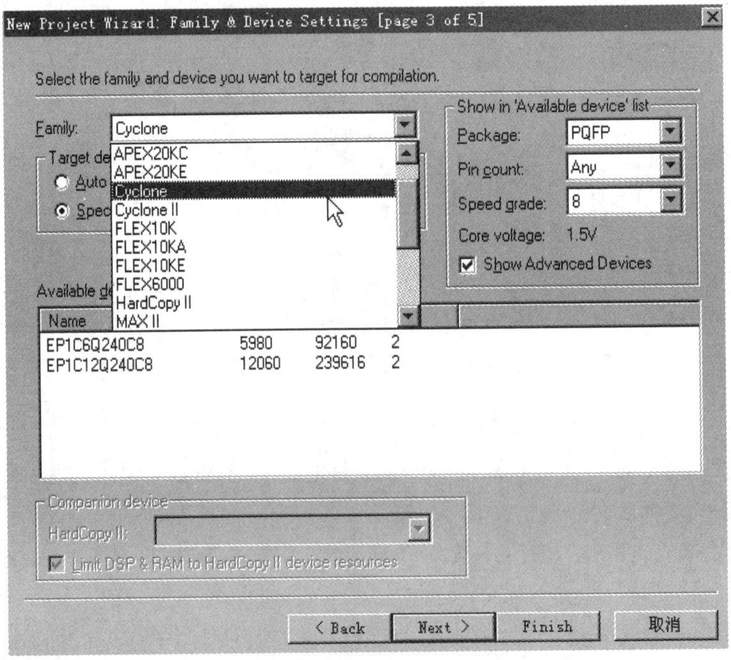

图 5.7　选择目标芯片

（4）选择综合器和仿真器类型。单击图 5.7 中的"Next"按钮，这时弹出的窗口是选择仿真器和综合器类型，如果默认都不选择，表示用 QuartusII 中自带的仿真器和综合器。在此处我们什么也不选。如图 5.8 所示。

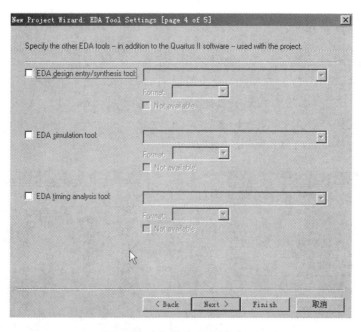

图 5.8　选择仿真器和综合器

（5）结束设置。单击图 5.8 中的"Next"按钮，即弹出 Summary 窗口，上面列出了此项工程相关设置情况。单击"Finish"按钮，即可设定好此工程。如图 5.9 所示。

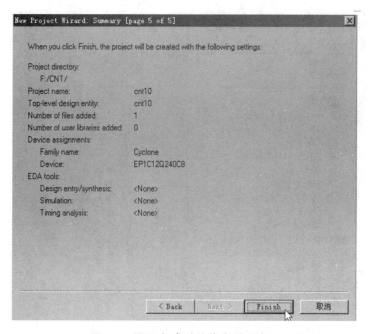

图 5.9　设置完成时的信息页面窗口

建立工程后，可以使用 Settings 对话框（Assignments 菜单）的 Add/Remove 页在工程中添加和删除、设计其他文件。如果现有的 Max+PLUS II 的工程，还可以使用 Convert Max+PLUS II Project 命令（File 菜单）将 Max+PLUS II 的分配与配置文件（.acf）转换为 QuartusII 工程。

5.2.3 编译前设置

在对工程进行编译处理前，必须做好必要的设置，步骤如下：

（1）目标芯片选择。选择 Assignments 菜单中的 Device 项（也可以选择 Assignments 菜单中的 Settings 项，在弹出的对话框中选择 Category 项下的 Device），然后选择目标芯片（方法同创建工程中的第 3 步），如图 5.10 所示。之后点击 "Device & Pin Options..." 按钮，会弹出 Device & Pin Options 窗口，如图 5.11 所示。

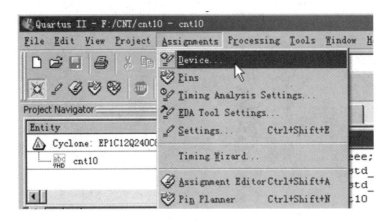

图 5.10　选择器件

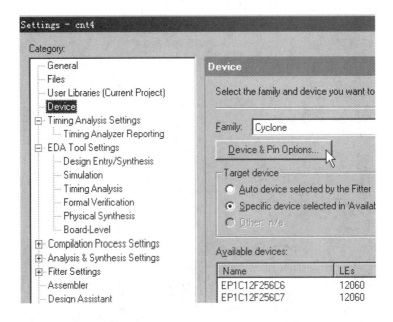

图 5.11　Setting 窗口

116

（2）选择目标器件闲置引脚的状态。在 Device & Pin Options 窗口中，如图 5.12 所示，选择 Unused Pin 项，设置目标器件闲置引脚的状态为输入状态（呈高阻态）。

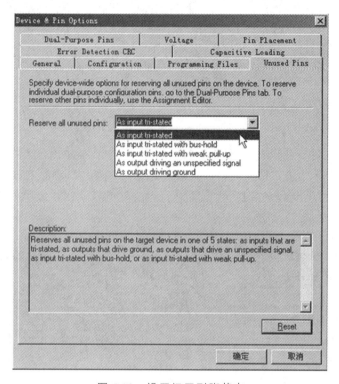

图 5.12　设置闲置引脚状态

5.2.4　编　译

QuartusII编译器是由一系列处理模块构成的，这些模块负责对设计项目的检错、逻辑综合、结构综合、输出结果的编辑配置以及时序分析。在这一过程中将设计项目适配进 FPGA/CPLD 目标器件中，同时产生多种用途的输出文件，如功能和时序仿真文件、器件编程的目标文件等。编译器首先从工程设计文件间的层次结构描述中提取信息，包括每个低层次文件中的错误信息，供设计者排除，然后将这些层次构建产生一个结构化的以网表文件表达的电路原理图文件，并把各层次中的所有文件结合成一个数据包，以便更有效地处理。

在编译前，设计者可以通过各种不同的设置，指导编译器使用各种不同的综合和适配技术，以便提高设计项目的工作速度，优化器件的资源利用率。而且在编译过程中和编译完成后，可以从编译报告窗中获得所有相关的详细编译结果，以利于设计者及时调整设计方案。

下面首先选择 Processing 菜单的 Start Compilation 项或 Quartus II 工具栏中的 Start Compilation 快捷键，如图 5.13 所示，启动全程编译。注意这里所谓的编译（compilation），包括以上提到的 QuartusII 对设计输入的多项处理操作，其中包括排错、数据网表文件提取、逻辑综合、适配、装配文件（仿真文件与编程配置文件）生成，以及基于目标器件的工程时序分析等。

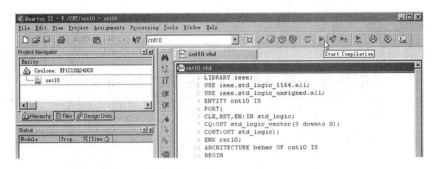

图 5.13　启动全程编译

如果工程中的文件有错误，在下方的 Processing 栏中会显示出来（如图 5.14 所示）。对于 Processing 栏中显示的语句格式错误，可双击此条文，即弹出对应的 VHDL 文件，在深色标记条处即为文件中的错误。修改后再次编译直至排除所有错误，出现如图 5.15 所示界面，点击确定按钮即可。

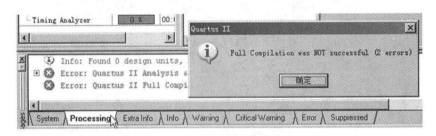

图 5.14　全程编译后出现报错信息

图 5.15　全程编译成功

了解编译结果包括以下一些内容：

（1）阅读编译报告。编译成功后可以见到如图 5.15 所示的界面。此界面左上角是工程管理窗；在此栏下是编译处理流程，包括数据网表建立、逻辑综合、适配、配置文件装配和时序分析；最下栏是编译处理信息；右栏是编译报告，可以通过 Processing 菜单下的 Compilation Report 查看。

（2）了解工程的时序报告。点击图 5.15 中间一栏的 Timing Analyses 项左侧的"+"号，可以看到相关信息。

（3）了解硬件资源应用情况。点击图 5.15 中间一栏的 Flow Summary 项，可以查看硬件耗用统计报告；点击图 5.15 中间一栏的 Fitter 项左侧的"+"号，选择 Floorplan View，可以查看此工程在 PLD 器件中逻辑单元的分布情况和使用情况。

（4）查看 RTL 电路。选择菜单 Tools 下 Netlist Viewers 的 RTL Viewer，即可看到综合后的 RTL 电路图，如图 5.16 所示。

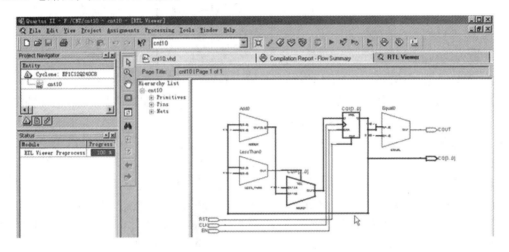

图 5.16　RTL 电路图

5.2.5　仿　真

仿真就是对设计项目进行全面彻底的测试，以确保设计项目的功能和时序特性，以及最后的硬件器件的功能与原设计相吻合。仿真可分为功能仿真和时序仿真。功能仿真只测试设计项目的逻辑行为，而时序仿真则既测试逻辑行为，也测试实际器件在最差条件下设计项目的真实运行情况。

仿真操作前必须利用 QuartusII 波形编辑器建立一个矢量波形文件（VWF）作为仿真激励。VWF 文件将仿真输入矢量和仿真输出描述成为波形图来实现仿真，但也可以将仿真激励矢量用文本表达，即文本方式的矢量文件（.vec）。

QuartusII 允许对整个设计项目进行仿真测试，也可以对该设计中的任何子模块进行仿真测试。

对工程的编译通过后，必须对其功能和时序性质进行仿真，以了解设计结果是否满足原设计要求。

以 VWF 文件方式的仿真流程的详细步骤如下：

（1）打开波形编辑器。选择菜单 File 中的 New 项，在 New 窗中选 Other Files 中的"Vector Waveform File"（如图 5.17），点击"OK"，即出现空白的波形编辑器。

图 5.17　新建矢量波形文件

（2）设置仿真时间区域。为了使仿真时间轴设置在一个合理的时间区域上，在 Edit 菜单中选择 End Time 项，在弹出的窗口中的 Time 栏中输入"50"，单位选择"us"，即整个仿真域的时间设定为 50 μs，单击"OK"，结束设置。

（3）保存波形文件。选择 File 中的"Save As"，将名为 cnt10.vwf（默认名）的波形文件存入文件夹 F：\CNT 中。

（4）输入信号节点。将计数器的端口信号选入波形编辑器中，方法是首先选 Edit 菜单中的"Insert Node Or Bus…"选项，然后单击"Node Finder…"按钮，在图 5.18 中的 Filter 框中选"Pins：all"，然后单击"List"，则在下方的 Nodes Found 窗口出现 Cnt10 工程的所有引脚名（如果此对话框中的"List"不显示，需要重新编译一次，然后再重复以上操作过程）。选择要插入的节点，可以点击"≥""≤"逐个添加或删除节点，也可以按">>""<<"添加或删除所有节点，选择完毕后点击"OK"。点击波形窗口左侧的全屏显示按钮"▣"，使波形全屏显示，然后按放大缩小按钮"🔍"，使仿真坐标处于适当位置（如图 5.19 所示）。

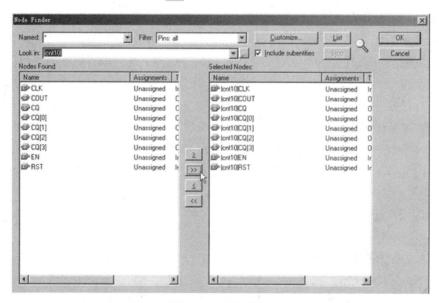

图 5.18　选择节点

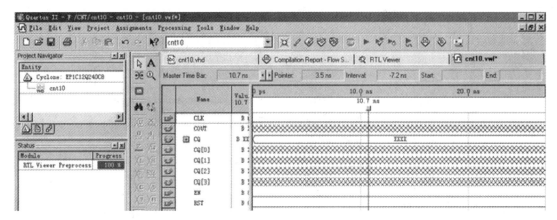

图 5.19　插入节点后的波形编辑器

（5）编辑输入波形（输入激励信号）。点击图 5.19 中的时钟信号名 CLK，使之变成蓝色，再点击左侧的时钟设置键"![icon]"，在 Clock 窗口中设置 CLK 的周期为 2 μs（如图 5.20 所示）。其中的 Duty Cycle 是占空比，可以选 50，即占空比为 50% 的方波。点击"en"和"rst"设置其波形，可以通过"![icon]"和"![icon]"直接将信号设为"0"或"1"，也可以按住鼠标左键在波形编辑区拖动选择某一段波形，将其值设为"0"或"1"。对于总线数据，可以通过"![icon]"设置其波形。

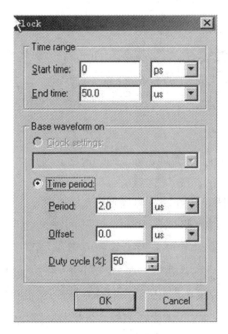

图 5.20　设置时钟波形

（6）仿真器参数设定。选择菜单 Assignment 中的 Settings，在 Settings 窗口的 Category 下选 Simulator，在此项下可观察仿真总体设置情况；在 Simulation 栏确认仿真模式为时序仿真"Timing"；在 Simulation Options 栏，确认选定"Simulation coverage reporting"，毛刺检测 Glitch detection 为 1 ns 宽度。如图 5.21 所示。

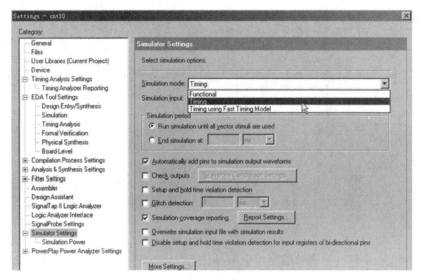

图 5.21　选择时序仿真

（7）启动仿真器。在菜单 Processing 项选择 Start Simulation，直到出现图 5.22 的对话框，仿真成功结束。

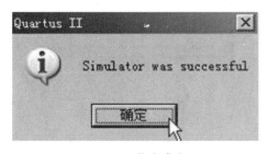

图 5.22　仿真成功

（8）观察仿真结果。仿真波形文件 Simulation Report 通常会自动弹出（如图 5.23 所示）。注意在 QuartusII 中，波形编辑文件（*.vwf）与波形仿真报告文件（Simulation Report）是分开的，而 Max+Plus II 中编辑与仿真报告波形是合二为一的。如果在启动仿真后，没有出现仿真完成后的波形图，而是出现文字"Can't open Simulation Report Window"，但报告仿真成功，则可以通过选择 Processing→Simulation Report 自己打开仿真波形报告。

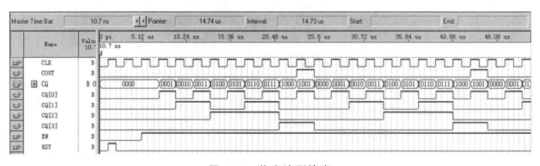

图 5.23　仿真波形输出

5.2.6　引脚锁定

为了能对计数器进行硬件测试，应将计数器的输入输出信号锁定在芯片确定的引脚上。将引脚锁定后应再编译一次，把引脚信息一同编译进配置文件中，最后就可以把配置文件下载进目标器件中，完成 FPGA 的最终开发。

选择 GW48EDA 系统的电路模式 5，确定引脚分别为：

（1）主频时钟 CLK 接 clock0（第 28 脚，可接在 4 Hz 上）。

（2）计数使能 EN 接电路模式 5 的键 1（PIO0 对应第 233 脚）。

（3）复位 RST 接电路模式 5 的键 2（PIO1 对应第 234 脚）。

（4）溢出 COUT 接发光管 D1（PIO8 对应第 1 脚）。

（5）4 位输出总线 CQ[3..0]分别接 PIO19、PIO18、PIO17、PIO16（它们对应的引脚编号分别为 16、15、14、13），可由数码 1 来显示。

接下来进行引脚锁定，具体步骤如下：

（1）打开 cnt10.qpf 工程文件。

（2）选择主菜单中 Assignments 的 Assignments Editor 命令，进入 Assignments Editor 编辑窗口，在 Category 下拉列表框中选择 "Pin"，或直接单击右上侧的 "Pin" 按钮，如图 5.24 所示。

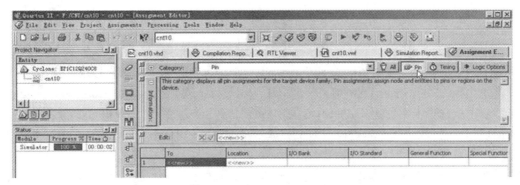

图 5.24　Assignments Editor

在图 5.24 下面的表格里 To 对应的列中双击鼠标左键，将显示本工程中所有的输入输出端口，选择要分配的端口即可。在 Location 对应的列中双击鼠标左键，将显示芯片所有的引脚，选择要使用的引脚即可。以同样的方法可将所有端口锁定在对应的引脚上，如图 5.25 所示。引脚锁定后，存储引脚锁定信息，之后必须再编译一次（Processing→Start Compilation），将引脚信息编译进下载文件中，这样生成的.sof 文件才能被下载到 FPGA 中去。

	To	Location	I/O Bank	I/O Standard	General Function	Special Function	Reserved	En:
1	CLK	PIN_28	1	LVTTL	Dedicated Clock	CLK0/LVDSCLK1p		Yes
2	COUT	PIN_1	1	LVTTL	Row I/O	LVDS23p/INIT_DONE		Yes
3	CQ[3]	PIN_16	1	LVTTL	Row I/O	LVDS18p		Yes
4	CQ[2]	PIN_15	1	LVTTL	Row I/O	LVDS19n		Yes
5	CQ[1]	PIN_14	1	LVTTL	Row I/O	LVDS19p		Yes
6	CQ[0]	PIN_13	1	LVTTL	Row I/O	LVDS20n/DQ0L3		Yes
7	EN	PIN_233	2	LVTTL	Column I/O	LVDS27n/DQ0T4		Yes
8	RST	PIN_234	2	LVTTL	Column I/O	LVDS27p/DQ0T5		Yes
9	<<new>>	<<new>>						

图 5.25　表格方式引脚锁定窗口

5.2.7　编程下载

打开编程窗口和配置文件。用带仿真器的 USB 数据线连接实验箱上适配板的 JTAG 口和 PC 机，打开电源。

（1）选择主菜单中 Tools→Programmer 命令，弹出图 5.26 所示窗口，在 Mode 下拉列表框中有 4 种编程模式可选择：JTAG、Passive Serial、Active Serial Programming 和 In-Socket Programming。为了直接对 FPGA 进行配置，选择 "JTAG"（默认），并选中下载文件右侧的第一个小方框。注意要仔细核对下载文件路径与文件名。如果文件没有出现或者有错，可单击左侧的 "Add File" 按钮，手动选择配置文件 cnt10.sof。

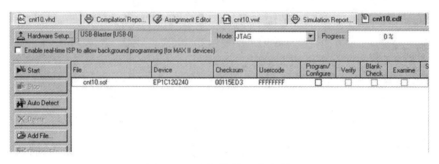

图 5.26　选择编程下载文件

（2）设置编程器。若是初次安装 Quartus II，在编程前必须进行编程器选择操作。

这里选择 USB-Blaster[USB-0]。单击 Hardware Setup 对话框，选择 Hardware Settings 选项卡，双击此选项卡中的选项 "USB-ByteBlaster"，如图 5.27 所示，单击 "Close" 按钮，关闭对话框即可。这时应该在编程窗口右上方显示出编程方式 "USB-Blaster[USB-0]"，如图 5.28 所示。

如果在图 5.28 所示的窗口内的 Currently selected Hardware 右侧显示 "No Hardware"，则必须加入下载方式。即单击 "ADD Hardware" 按钮，在弹出的窗口中单击 "OK" 按钮，再在图 5.28 中双击 "USB-ByteBlaster"，使得 Currently selected Hardware 右侧显示 "USB-ByteBlaster [USB-0]"。

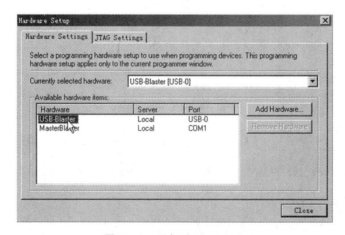

图 5.27　双击 USB-Blaster

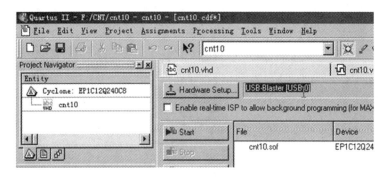

图 5.28　设置编程器

（3）下载。单击"Start"按钮，即进入对目标器件 FPGA 的配置下载操作。当 Process 显示"100%"，并且在底部的处理栏出现"Configuration Succeeded"时，表示编程下载成功。

（4）硬件测试。下载 cnt10.sof 成功后，选择电路模式 5，CLK 通过实验箱上的 clock0 的跳线选择频率 4 Hz；键 1 置高电平，控制 EN 允许计数；键 2 先置高电平，后置低电平，使 RST 产生复位信号。观察数码管 1 和发光管 D1 了解计数器工作情况。

第6章 可综合模型设计

用 Verilog HDL 编写模块的目的有两个：一是编写测试模块，在前一章中已经介绍过；二是编写设计模块。编写设计模块并不像测试模块那样自由，因为测试模块是不要求最终能生成电路的，只是在软件层次上进行仿真使用，而设计模块最终要生成实际工作的电路，这一点决定了设计模块的语法和编写代码风格会对后期的电路产生影响。所以，若要编写可以实现的设计模块，就一定有一些需要注意的问题，本章就对这些问题进行统一的介绍，读者可以带着如下问题阅读本章：

（1）综合的过程中到底发生了什么？

（2）延迟是如何被赋值的？

（3）哪些语句是可综合的，哪些是不可综合的？

（4）常见的代码书写要求有哪些？

6.1 可综合代码的编码风格

6.1.1 阻塞赋值和非阻塞赋值

在 Verilog 中有两种类型的赋值语句：阻塞赋值语句和非阻塞赋值语句。正确地使用这两种赋值语句对于 Verilog 设计和仿真非常重要。下面我们举例说明阻塞赋值和非阻塞赋值的区别。

例 6.1 三级移位寄存器的设计。本例将给出移位寄存器三种不同的 Verilog 代码描述，其综合结果分别为图 6.1、图 6.2 和图 6.3 所示。

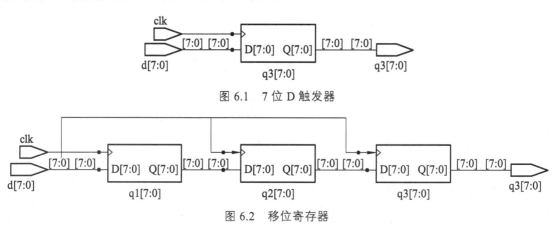

图 6.1 7 位 D 触发器

图 6.2 移位寄存器

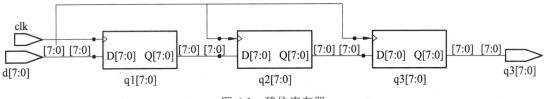

图 6.3　移位寄存器

实现 1：

```
module pipeb1 (q3, d, clk);
output [7:0] q3;
input [7:0] d;
input clk;
  reg [7:0] q3, q2, q1;
    always @(posedge clk)
    begin
      q1 = d;
      q2 = q1;
      q3 = q2;
    end
  endmodule
```

实现 2：

```
module pipeb1 (q3, d, clk);
output [7:0] q3;
input [7:0] d;
input clk;
reg [7:0] q3, q2, q1;
always @(posedge clk) begin
     q1 <= d;
     q2 <= q1;
     q3 <= q2;
  end
endmodule
```

实现 3：

```
module pipeb1 (q3, d, clk);
output [7:0] q3;
input [7:0] d;
input clk;
reg [7:0] q3, q2, q1;
always @(posedge clk) begin
   q3 = q2;
   q2 = q1;
```

```
    q1 = d;
  end
endmodule
```

从这个例子中我们可以看出，在阻塞赋值语句中，赋值的次序非常重要，非阻塞赋值语句中，赋值的次序并不重要。实现 1 和实现 2 使用了相同的赋值次序，但是结果却不同，区别在于它们使用了不同的赋值方式。而实现 3 得到的结果与实现 2 相同，实现 3 使用了阻塞赋值，但是在实现 3 中明确了移位寄存器的移位的次序。

让我们再回顾一下阻塞赋值和非阻塞赋值的含义。在 always 语句中的"="赋值我们称为阻塞性过程赋值，在下一语句执行前该赋值语句完成。因此，实现 1 和实现 3 虽然都是阻塞赋值，但是得到的结果却不同。而非阻塞赋值语句被执行时，计算表达式右端的值赋给左端，并继续执行下一条语句，在当前的时间步结束时或时钟的有效沿到来时候，更新左端的值。在本例中，当时钟的上升沿到达时，更新表达式左端的值。非阻塞语句的执行可以归纳成以下两点：

（1）在仿真周期的开始，计算赋值号右边表达式（RHS）的值。

（2）在仿真周期的结束，更新赋值号左边变量（LHS）的值。

为了更清楚的了解两种赋值的区别，我们再举一个例子加以说明。

例 6.2

（1）阻塞赋值语句。

```
module fbosc2 (rst_n, clk ,y1, y2);
input rst_n, clk;
output y1, y2;
reg y1, y2;
  always @(posedge clk or negedge rst)
    if (~rst) y1 = 0; // reset
    else   y1 = y2;

   always @(posedge clk or negedge rst)
    if (~rst) y2 = 1; // reset
    else   y2 = y1;
    endmodule
```

（2）非阻塞赋值语句。

```
module fbosc2 (rst_n, clk ,y1, y2);
input rst_n, clk;
output y1, y2;
reg y1, y2;
  always @(posedge clk or posedge rst)
    if (~rst) y1<= 0; // reset
    else   y1 <= y2;
```

```
    always @(posedge clk or posedge rst)
      if (~rst) y2 <= 1; // preset
      else   y2 <= y1;
endmodule
```

例 3.2 中的（1）和（2）的差别只是使用了不同的赋值语句，其仿真结果却大相径庭。（1）的结果与两个 always 语句执行的顺序有关，如果 rst_n 结束后第一个 always 语句先执行，那么 y1，y2 的值均为 0，如果第二个 always 先执行，那么 y1，y2 的值均为 1；其后保持不变。（2）的结果是 y1 和 y2 是时钟信号 clk 的两分频，y1 和 y2 相位相差 180°。

关于阻塞语句和非阻塞语句，有以下的使用建议：

建议 1：在描述组合电路时，使用阻塞赋值语句。

当在 always 过程中建立组合电路时，许多人也喜欢用非阻塞赋值。如果在 always 语句中只有一个赋值语句，那么使用阻塞赋值和非阻塞赋值的结果是一样的。但是如果使用多条赋值语句，写法不当，可能会导致仿真出现不正确的结果。

例 6.3 本例是一个组合电路，但是仿真结果是不正确的。因为非阻塞赋值在更新 LHS 之前计算 RHS 的值，因此，temp1 和 temp2 使用的是 a 和 b 进入 module 的旧值而不是在放置结束时的新值。

```
module ao4 (a, b, c, d,y);
input a, b, c, d;
output y;
reg y, tmp1, tmp2;
always @(a or b or c or d) begin
  tmp1 <= a & b;
  tmp2 <= c & d;
  y    <= tmp1 | tmp2;
end
endmodule
```

要想使上面的电路正确工作，必须把 temp1 和 temp2 也加入到敏感变量表中。由于 temp1 和 temp2 的变换引起 always 语句重新计算，因此结果正确，但这样导致仿真器多次对 always 过程进行计算，会降低仿真的性能。

```
module ao5 (a, b, c, d,y);
input a, b, c, d;
output y;
reg y, tmp1, tmp2;
always @(a or b or c or d or temp1 or temp2) begin
  tmp1 <= a & b;
  tmp2 <= c & d;
```

```
    y  <=  tmp1  |  tmp2;
end
endmodule
```

但是如果 ao4 用阻塞赋值语句，那么结果就是正确的。这是因为 tmp1 和 tmp2 在当前时间步的更新导致了 y 的计算。

```
module ao6 (a, b, c, d,y);
input a, b, c, d;
output y;
reg y, tmp1, tmp2;
always @(a or b or c or d) begin
  tmp1 = a & b;
  tmp2 = c & d;
  y = tmp1 | tmp2;
end
```

建议 2：用一个过程中（always）描述时序电路时，使用非阻塞赋值语句。组合电路和非组合电路在一个过程中描述时，也使用非阻塞赋值语句。

```
module nbex1 (rst_n, clk, a, b, q);
input rst_n ,clk;
input a, b;
output q;
reg q;
always @(posedge clk or negedge rst_n)
if  (!rst_n) q <= 1'b0;
    else   q <= a ^ b;
endmodule
```

更好的一种代码风格是将组合电路和非组合电路分别描述。

```
module nbex1 (rst_n, clk, a, b, q);
input rst_n ,clk;
input a, b;
output q;
reg q;
wire y;
assign y = a ^ b;
always @(posedge clk or negedge rst_n)
  if (!rst_n) q <= 1'b0;
  else        q <= y;
endmodule
```

6.1.2　组合电路设计

1. 可综合组合电路的描述形式

用 Verilog 语言可以有多种方式描述组合电路,但是有些综合工具并不支持每一种描述方式。大多数综合工具可综合下面三种形式描述的组合电路:

1)通过结构原语描述电路

例 6.4

```
module stru_des(y_out1, y_out2, a, b,c,d);
output y_out1, y_out2;
input a,b,c,d;
and (y1,a,c);
and (y2,a,d);
and (y3,a,e);
or  (y4,y1,y2);
or  (y_out1,y3,y4);
and (y5,b,c);
and (y6,b,d);
and (y7,b,e);
or  (y8,y5,y6);
or  (y_out2,y7,y8);
endmodule
```

上面的描述的电路的设计如图 6.4(a)所示,但是经过综合器综合后,删除了冗余的逻辑,电路简化成如图 6.4(b)所示。对于大多数设计者而言,简化一个这样的电路是比较困难的,但综合器可以保证逻辑设计的最小化。

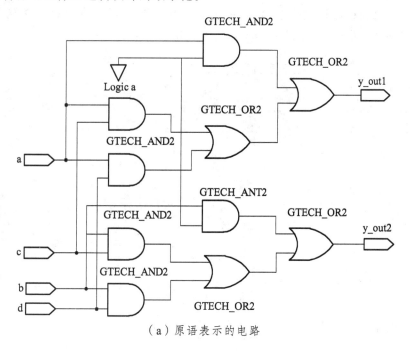

(a)原语表示的电路

131

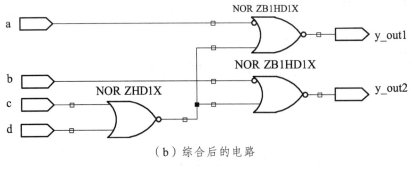

（b）综合后的电路

图 6.4　电路图

2）通过连续赋值的方式描述一个组合电路

综合器可以把用连续赋值的描述的电路翻译成布尔等式并优化。

例 6.5　四选一的多路选择器

```
module  mux_4_1 (a,b,c,d,sel,out);
input a,b,c,d;
input [3:0] sel;
output out;
assign out = (sel[0])?a: sel[1])? b :(sel[2])? c : sel[3]) ? d : 1'b0;
endmodule
```

3）用 always 语句描述组合逻辑

值得注意的是在这种描述中，对每种输入组合输出都必须有一个值与之对应。否则会导致锁存器产生。

例 6.6　四位比较电路，给定两个 4 位输入 a，b，如果 a>b，则 a_gt_b 为高电平；如果 a<b，则 a_lt_b 输出为高电平；a = b，则 a_eq_b 输出为高电平。

```
module comp_4 (a_gt_b,a_lt_b,a_eq_b,a,b);
 input[3:0] a,b;
 output a_gt_b,a_lt_b,a_eq_b;
 reg a_gt_b,a_lt_b,a_eq_b;
 always @(a or b)
   a_gt_b=0;
   a_lt_b = 0;
   a_eq_b = 0;
   if ( a==b)  a_eq_b = 1;
   if ( a> b)  a_gt_b = 1;
   if (a < b)  a_lt_b = 1;
endmodule
```

本例子可以用另外一种方式描述：

```
module comp_4 (a_gt_b,a_lt_b,a_eq_b,a,b);
input[3:0] a,b;
output a_gt_b,a_lt_b,a_eq_b;
reg a_gt_b,a_lt_b,a_eq_b;
always @(a or b)
   if ( a==b) a_eq_b = 1;
   else a_eq_b = 0;
   if ( a> b)  a_gt_b = 1;
   else a_gt_b = 0;
   if (a < b)  a_lt_b = 1;
   else a_lt_b = 0;
endmodule
```

在上面的描述中，包含了"＞""＜""＝＝""？"等操作符，在 Verilog 语言中包含了很多类似的操作符，这些操作符中的一部分可以通过综合器直接映射成工艺库中的某些电路。不同的综合器支持可综合子集的大小不一样，具体哪些操作符可以被综合需要看综合器的参考手册。

上述电路也可以用 for 循环结构描述。

```
module comp_for_4 (a_gt_b,a_lt_b,a_eq_b,a,b);
output a_gt_b,a_lt_b,a_eq_b;
input [3:0] a,b;
parameter size = 4;
reg a_gt_b,a_lt_b,a_eq_b;
integer k;
always @(a or b) begin : compare_loop
  for (k=size-1; k>=0 ; k = k-1) begin
  if (a[k] !=b[k]) begin
  a_gt_b = a[k];
  a_lt_b = ~a[k];
  a_eq_b = 1'b0;
  disable compare_loop;
  end
   a_gt_b = 1'b0;
   a_lt_b = 1'b0;
   a_eq_b = 1'b1;
 end
endmodule
```

如果 a，b 对应位置上的值相同，那么 a 等于 b，否则就用 a[k] 的值决定 a_gt_b 和 a_lt_b

的值。描述中 disable 的目的是为了在 a 不等于 b 时，强制进入下一次的循环。有些综合器可以支持有固定循环次数的循环结构。

2. 简单组合电路设计举例

在数字电路中，组合电路的一般手工设计步骤如下：

（1）根据实际问题，定义输入逻辑变量和输出逻辑变量，列出真值表。

（2）根据真值表，写出布尔表达式，借助于卡诺图简化布尔表达式，得到最后的与或表达式。

（3）根据与或表达式，画出电路图。

（4）最后通过实验验证设计。

在用 Verilog 语言描述一个组合电路时，只需要根据真值表写出相应的布尔表达式，逻辑综合工具就可以将 Verilog 语言描述的设计变换成电路，自动地优化电路，并以门级网表形式存储。设计人员可以根据软件仿真的方法确认设计结果是否正确，最后将设计下载到 FPGA 器件中，通过 FPGA 器件和其他器件构成的实际系统确认设计是否正确。

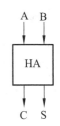

图 6.5 半加器符号

例 6.7 用 Verilog 描述一位半加器。

半加器有两个输入 a，b（加数和被加数）和两个输出 c，s（进位和加法和）（如图 6.5 所示），其真值表如表 6.1 所示。

表 6.1 半加器真值表

A	B	C	S
1	1	1	0
1	0	0	1
0	1	0	1
0	0	0	0

根据真值表，我们可以编写如下的 Verilog 代码。对应于这个真值表可以有几种不同的 Verilog 写法：

```
module  HA(a,b,c,s)
input a, b;
output c,s;
 Reg c,s;
  Always @(a or b)
    C = 0;
  Begin
   Case {a,b} begin
   2'b 00 : s = 0;
   2'b 01 : s = 1;
```

```
              2'b 10 : s = 1;
              2'b 11 : begin s =0 ;
                        c = 1;
           End
         End
      Endmodule

Module  HA_1(a,B,C,S)
   Input a, b;
   Output c,s;
   Wire c,s;
   Assign c = a & b;
   Assign s = a ^ b;
Endmodule

Module  HA_2 (a,b,c,s);
   Input a, b;
   Output c,s;
   Wire c,s;
   Wire [1:0] adder;
   Assign adder = a + b;
   Assign s =adder[0];
   Assign c = adder[1];
   Endmodule
```

例 6.8 用 Verilog 语言描述一个全加器。

全加器有三个输入 a、b、carry_in，其中 a 和 b 是加数，而 carry_in 是低位的进位，两个输出 sum 和 carry_out。其真值表如表 6.2 所示。

表 6.2　全加器真值表

A	B	Carry_in	Carry_out	Sum
1	1	1	1	1
1	1	0	1	0
1	0	1	1	0
1	0	0	0	1
0	1	1	1	0
0	1	0	0	1
0	0	1	0	1
0	0	0	0	0

用 Verilog 描述全加器方式有多种。

（1）根据全加器的结构描述，一个全加器由两个半加器构成（如图 6.6 所示）。

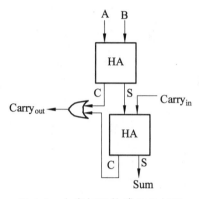

图 6.6　由半加器构成的全加器

```
module  FA_1(a,b,carry_in,sum,carry_out)     //结构描述;
   input a, b,carry_in;
   Output sum,carry_out;
   wire c,s,c1;
   HA HA_1(.a(a),
           .b(b),
           .c(c),
           .s(s));
   HA HA_2(.a(s),
           . b (carry_in),
           .c(c1),
           .s(sum));
   assign carry_out = c ^c1;
Endmodule
```

（2）根据全加器功能描述。

```
module  FA_2(a,b,carry_in,sum,carry_out) ;  //功能描述;
input a, b,carry_in;
output sum,carry_out;
wire [1:0] full_adder;      //2比特变量,高位为进位,低位为和。
assign full_adder = a + b + carry_in;
assign sum = full_adder[0];
assign carry_out = full_adder[1];
endmodule
```

（3）根据真值表化简，写出与或项，然后再用 Verilog 语言进行描述。

```
module  FA_3 (a,b,carry_in,sum,carry_out) ;  //手工设计;
 input a, b,carry_in;
 output sum,carry_out;
assign  sum     = a&b&carry_in | a&~b&~carry_in | ~a & ~b & carry_in
| ~a & b & carry_in;
assign  carry_out = a & b &carry_in | a&b & ~carry_in | b & carry_in
& ~a | a & ~b & carry_in;
endmodule
```

（4）直接根据真值表描述。

```
module  FA_4(a,b,carry_in,sum,carry_out);   //真值表描述;
input a, b,carry_in;
output sum,carry_out;
reg sum;
reg carry_out;

always @(a or b or carry_in)
  case ({a,b,carry_in})
   3'b 000 : begin
        sum = 1'b0;
        carry_out = 1'b0;
       end
   3'b 001 : begin
        sum = 1'b1;
        carry_out = 1'b0;
        end
   3'b 010 : begin
        sum = 1'b1;
        carry_out = 1'b0;
        end
3'b 011 : begin
        sum = 1'b0;
        carry_out = 1'b1;
      end
3'b 100 : begin
        sum = 1'b1;
        carry_out = 1'b0;
```

```
        end
3'b 101 : begin
        sum = 1'b0;
        carry_out = 1'b1;
        end
3'b 110 : begin
        sum = 1'b0;
        carry_out = 1'b1;
        end
default: begin
        sum = 1'b1;
        carry_out = 1'b1;
        end
   endcase
endmodule
```

若干位的二进制加法器可以用多个全加器构成，即所谓的行波加法器，如图 6.7 所示。读者可以试着自己写出多位二进制加法器。

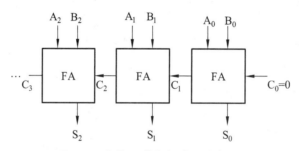

图 6.7　多位二进制加法器的实现

从上例看出，Verilog 语言只是一个描述工具，可以用多种不同的风格描述一个设计。如在全加器的设计中，采用了结构描述 FA_1，行为描述 FA_2，真值表的描述 FA_3 和 FA_4，其中 FA_1 是人为写出的与或式形式，但是没有简化，而 FA_3 就是真值表的直接翻译，这些写法都可以综合出实现全加器功能的电路。

事实上，经过训练后，按照某种风格，就可写出可综合的 Verilog 代码，这些代码可以被综合器变换成合理的电路设计。设计的关键还是在于对问题的理解和建模上。

例 6.9　设计一个带使能端的 3.8 译码器设计

译码器是最常见的组合电路之一。三位二进制信号可以译出 8 个不同的信号。所谓的"带使能端"就是当一个使能信号位有效时，译码器工作；信号无效时，译码器不工作。定义使能信号名称为 decode_en，高电平有效。3 位二进制信号用一组向量 binary_in[2：0]表示，8 位输出信号用 decoder_out[7：0]表示。译码器的功能定义如表 3.3 所示。

表 6.3　译码器真值表

Decoder_en	Binary_in[2: 0]	Decoder_out[7: 0]
0	× × ×	0000_0000
1	0　0　0	0000_0001
1	0　0　1	0000_0010
1	0　1　0	0000_0100
1	0　1　1	0000_1000
1	1　0　0	0001_0000
1	1　0　1	0010_0000
1	1　1　0	0100_0000
1	1　1　1	1000_0000

下面我们用不同的编码风格对其进行描述。

```
module decoder_using_case (binary_in , // 3 bit binary input
                decoder_out , // 8-bit out
                enable // Enable for the decoder);

input [2:0] binary_in ;
input enable ;
output [7:0] decoder_out ;
reg [7:0] decoder_out ;
always @ (enable or binary_in)
begin
  decoder_out = 0;
  if (enable) begin
    case (binary_in)
      3'h0 : decoder_out = 8'h01;
      3'h1 : decoder_out = 8'h02;
      3'h2 : decoder_out = 8'h04;
      3'h3 : decoder_out = 8'h08;
      3'h4 : decoder_out = 8'h10;
      3'h5 : decoder_out = 8'h20;
      3'h6 : decoder_out = 8'h40;
      3'h7 : decoder_out = 8'h80;
    endcase
  end
end
```

```
endmodule

//使用 Assign 语句描述
module decoder_using_assign (
binary_in  , //  3 bit binary input
decoder_out , //  8-bit out
enable      //  Enable for the decoder
);
input [2:0] binary_in ;
input  enable ;
output [7:0] decoder_out ;

wire [7:0] decoder_out ;
assign decoder_out = (enable) ? (1 << binary_in) : 8'b0 ; //左移
7 位;
endmodule

//use for 描述
module decoder_using_for (
binary_in  , //  4 bit binary input
decoder_out , //  16-bit  out
enable );       //  Enable for the decoder
input [2:0] binary_in ;
input  enable ;
output [7:0] decoder_out ;

reg [7:0] decoder_out ;
integer i ;

always @ (enable or binary_in)
begin
  decoder_out = 0;
  if (enable) begin
    for (i = 0; i < 8; i = i +1 ) begin
      decoder_out = (i == binary_in) ? i + 1 : 8'h0;
    end
  end
end
endmodule
```

例 6.10 多路选择器的设计。

多路选择器可以通过 CASE 结构与 IF-THEN-ELSE 结构实现。这两种结构都能实现组合电路，但是综合器在综合时有着不同的处理。IF-THEN-ELSE 结构具有优先级特征，而 case 结构描述的电路不具有优先级的特征。

```
module single_if(a, b, c, d, sel, z);
    input a, b, c, d;
    input [3:0] sel;
    output z;
    reg z;
    always @(a or b or c or d or sel)
      begin
        if (sel[3])
            z = d
        else if (sel[2])
           z = c;
        else if (sel[1])
            z = b;
        else if(sel[0])
           z = a;
         else
            z =0 ;
       end
endmodule
```

这种描述方式综合出来的电路具有优先级，综合器会综合出具有优先级的电路，如图 6.8 所示为 Sysopsys 综合器综合的结果。其中 Sel[3] 和 d 具有最小的延时。

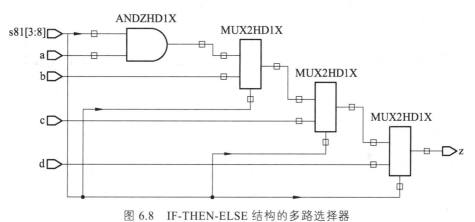

图 6.8 IF-THEN-ELSE 结构的多路选择器

使用 case 语句设计不具有优先级的多路选择器，图 6.9 为 Sysopsys 综合器综合用 case 语句描述的多路选择器的结果。

```
module case1(a, b, c, d, sel, z);
input a, b, c, d;
input [1:0] sel;
output z;
reg z;
always @(a or b or c or d or sel) begin
casex (sel)
    2'b00: z = d;
    2'b01: z = c;
    2'b10: z = b;
    2'b11: z = a;
default: z = 1'b0;
endcase
end
endmodule
```

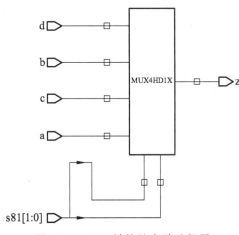

图 6.9　CASE 结构的多路选择器

例 6.11　设计一个 8：3 的编码器。由于篇幅的关系，省略了编码器的真值表。

```
module encoder(code,data);
    output [2:0] code;
    input [7:0] data;
    always @(data)
     case (data)
       8'h 01 : code = 0;
       8'h 02: code = 1;
       8'h 04 : code = 2;
       8'h 08 : code = 3;
       8'h 10 : code = 4;
```

```
        8'h 20 : code = 5;
        8'h 40 : code = 6;
        8'h 80 : code = 7;
        default : code = 3'bx;
    endcase
endmodule
```

3. 组合电路设计中应注意的问题

1）避免组合逻辑反馈

初学者容易在设计组合电路时产生组合环，在电路中使用组合环会引起时序分析不正确等众多问题，应该避免使用。有组合环的结构如图 6.10（a）所示，没有组合环的如图 6.10（b）所示。

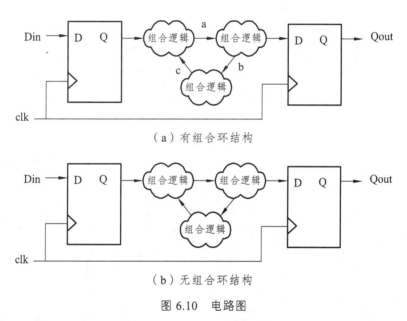

（a）有组合环结构

（b）无组合环结构

图 6.10　电路图

如果信号 a 是通过信号 c 和其他信号组合产生的，而信号 b 是通过信号 a 和其他信号组合产生的，信号 c 是通过信号 b 和其他信号组合产生的，那么就会产生组合环。

2）在敏感变量表中列出所有的敏感信号

组合电路设计中，在每个 always 中应该给出完整的敏感信号列表。如果没有完整的敏感信号列表，综合前的设计与综合后网表之间的仿真结果会有差异。对于组合逻辑模块（不包含寄存器或锁存器）而言，敏感信号列表应该包含那些在进程中读取的信号，也就是说，出现在赋值运算符号右边以及出现在条件表达式中的信号都应当在敏感信号列表中出现。

例 6.12　本例给出了敏感列表不全的代码，综合前后的仿真结果如图 6.11 所示。
```
always@ (a)
    c <= a or b;
```

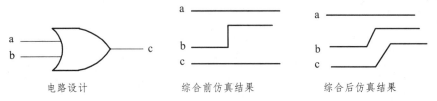

| 电路设计 | 综合前仿真结果 | 综合后仿真结果 |

图 6.11　敏感变量不全电路的综合前后仿真

3）避免设计锁存器

在组合电路设计中，由于疏忽，非常容易写出锁存器。锁存器一般会导致特殊的时序关系，在设计中应该避免使用锁存器。

例 6.13　下面的设计将产生锁存器，综合结果如图 6.12 所示。

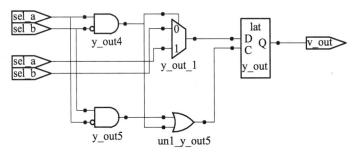

图 6.12　带锁存器的多路选择器

```
module mux_latch(sel_a, sel_b, data_a, data_b ,y_out);
input sel_a;
input sel_b;
input data_a;
input data_b;
output y_out;
    always @(sel_a or
            sel_b or b
            data_a or
            data_b)
    case({sel_a,sel_b})
     2'b 10 : y_out = data_a;
     2'b 01 : y_out = data_b;
    endcase
endmodule
```

为避免编码中隐含锁存器，在使用 case 语句时，应在列举完所有的情况后，增加 default 语句，避免锁存器的产生，如图 6.13 所示。如果使用 if 语句，则应在最后分支中使用 else 语句。

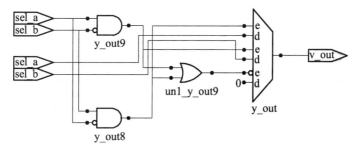

图 6.13　没有锁存的多路选择器

```verilog
module mux_latch(sel_a, sel_b, data_a, data_b ,y_out);
input sel_a;
input sel_b;
input data_a;
input data_b;
output y_out;
    always @(sel_a or
            sel_b or
            data_a or
            data_b)
    case({sel_a,sel_b})
    2'b 10 : y_out = data_a;
    2'b 01 : y_out = data_b;
    default : y_out = 2'b 00;
    endcase
endmodule
```

利用 if-then-else 设计组合电路。

```verilog
combinational_proc : always @ (decode or a or b)
 begin
    if (decode == 1'b0)
      c <= a;
    else
      c <= b;
    end
```

6.1.3　时序电路设计

1. 时序电路的模型

与组合电路不同，时序电路的输出不仅与当前的输入有关，而且与电路过去的历史状态也有关系。一般的时序电路模型如图 6.14 所示，一个时序电路由存储元件和组合电路组成，

145

其中（$x_1...x_n$）是输入信号，（$z_1...z_m$）是输出信号，（$y_1...y_n$）表示当前状态，（Y_1，$...Y_n$）表示下一个状态，输出变量 z_i 和下一个状态变量 Y_i 是（$x_1...x_n$）和当前状态（$y_1...y_n$）的函数。在 FPGA 中，一般使用锁存器和 D 触发器作为存储元件，数字电路中的其他存储元件（T 触发器和 JK 触发器）可以从 D 触发器中构造出来。D 触发器是边沿触发的，它在有效沿（上升沿或下降沿）到来时，将输入端的数据锁存。锁存器是电平敏感的存储元件，时钟为高电平时，输出数据和输入数据相等，在时钟变成低电平时，输出数据维持上一次高电平的输入数据不变。

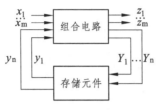

图 6.14　时序电路

2. 触发器的建立和保持时间

建立时间（setup time）是指在触发器的时钟信号有效沿到来以前，数据稳定不变的时间，如果建立时间不够，在这个时钟沿锁入触发器的数据可能不正确；

保持时间（hold time）是指在触发器的时钟信号有效沿到来以后，数据保持稳定不变的时间，如果保持时间不够，在这个时钟沿锁入触发器的数据同样可能不正确。数据稳定传输必须满足建立和保持时间的要求，在 FPGA 器件手册中对建立和保持时间都有规定。建立时间和保持时间如图 6.15 所示。

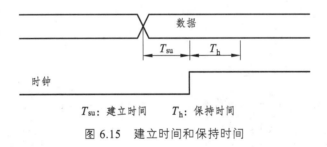

T_{su}：建立时间　　T_h：保持时间

图 6.15　建立时间和保持时间

3. 同步电路和异步电路

时序电路可以分为"同步"和"异步"两种，一个时序电路，如果其中的所有 D 触发器的时钟端（锁存器除外）都与同一个时钟相连接，则称为同步时序电路，否则就称为异步时序电路。

在 FPGA 设计中，最重要的一个概念就是同步设计。虽然，异步电路在功耗、面积上都比较有优势，但是，一般而言，异步电路的设计难度比较大，时序也难以控制，每修改一次设计，都要花费很长的时间去调整电路的时序，每次布局布线的结果都会对电路时序造成比较大的影响。甚至温度、电压或者加工器件的方法发生一些变换，都会导致异步电路中信号的时序发生变化，造成电路设计不可靠。

146

同步电路设计有一套完整的设计方法，设计相对简单，设计出的电路可靠性高。另外，目前大部分 EDA 工具都针对同步电路开发的，因此，在 FPGA 设计中，提倡同步电路设计。一个系统最好只有一个时钟。但是事实上，有些系统不可避免地要用到多个时钟源，在这种情况下，需要对两个不同时钟域的信号进行同步。在 FPGA 设计中，如果要使用多个时钟，首先要考虑所选择的 FPGA 能提供的全局时钟资源，根据这个资源和电路设计的需要，决定哪些信号使用全局时钟，使用几个时钟。因此，时钟的使用没有一个统一的标准，取决于设计者对系统所做的分析，取得一个合理的平衡。虽然如此，我们还是提倡尽量少用多个时钟，采用同步设计。

4. 时钟树

为了保持 FPGA 能可靠地工作，一般设计方法是同步设计。在同步设计中要求时钟信号必须在同一时间到达电路中每个寄存器的时钟输入端，而且时钟信号经过输入管脚到达触发器的路径具有很小的延时。在 FPGA 中，给专用的 I/O 模块配置了速度非常快的时钟驱动缓存器，这些缓冲器驱动输入时钟信号到芯片内部的时钟树上。之所以叫时钟树，是因为其结构像一棵树，而且它的每个分支都驱动固定数目触发器的时钟输入端。时钟驱动能快速驱动整个时钟树，设计这种树型结构的目的是为了把各个时钟信号到达全芯片各个触发器的延时减少到最小，时钟树的每个分支都具有相同的长度。图 6.16 给出了时钟树的示意图，（a）表示时钟分布网络的结构，而（b）表示对应的时钟树。"●"表示缓冲器，"□"表示寄存器。

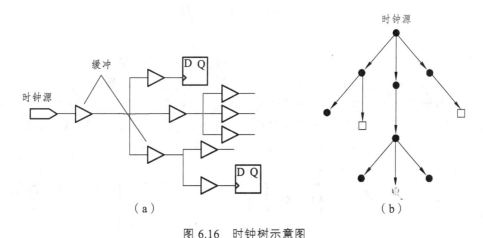

图 6.16　时钟树示意图

5. 时钟类型

时钟的类型有下面四种：全局时钟、门控时钟、**多级逻辑时钟**和行波时钟。

1）全局时钟

前面介绍了在任意一个厂家提供的 FPGA 中，都有专门的全局时钟资源，这些全局资源有专用的全局时钟管脚，可直接连接到器件中的每个寄存器的时钟端（如图 6.17 所示），提供器件中最短的时钟到输出的延时和最小的时钟歪斜。这就意味着时钟到每个 D 触发器的时间基本相同，从而一个 D 触发器的输出能被下一级 D 的时钟正确采样。

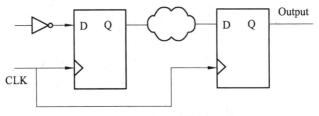

图 6.17　全局时钟例示

2）门控时钟

所谓的门控时钟（如图 6.18 所示）就是由逻辑门和时钟进行逻辑操作后产生的时钟。设计不当的门控时钟往往容易产生毛刺，从而影响电路的可靠性。即使产生的时钟没有毛刺，如果门控时钟不进入时钟网络，则时钟到达 D 触发器输入端的延时也可能会较大，由于布局布线的原因，时钟可能不能正确地锁存数据。

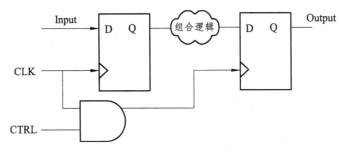

图 6.18　门控时钟电路

3）行波时钟

用一个 D 触发器的输出作另一个触发器的时钟输入是数字电路设计中经常用到一种设计方案。行波时钟不产生任何毛刺，可以跟全局时钟一样可靠工作。然而，行波时钟使得与电路有关的时序计算变得很复杂。行波时钟到行波链上各触发器的时钟之间可能产生较大的时间偏移，并且会超出最坏情况下的建立时间、保持时间和电路中时钟到输出的延时，使系统的工作不可靠。图 6.19 是用 CLK 二分频后的时钟做下一级 D 触发器的时钟。

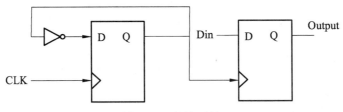

图 6.19　行波时钟

4）多级逻辑时钟

当产生门控时钟的组合逻辑超过一级（即超过单个的"与/或"门）时，电路的可靠性变得很难控制。即使仿真结果没有出现冒险竞争的现象，但实际上仍然可能存在着危险。

6. 时钟策略

同步设计对 FPGA 来讲非常重要，这种设计方法可以保证时序的正确性，减少调试电路时间。因此对于时钟的应用要非常小心，下面给出多时钟设计电路中的一些时钟使用策略。

（1）如果电路一定要用到门控时钟或是行波时钟，那么应在顶层的时钟模块完成时钟的分频或产生门控时钟，时钟的反向也应在顶层模块完成。

（2）如果时钟需要倍频，应使用 FPGA 中的锁相环 PLL 实现。

（3）顶层的时钟模块完成时钟元件（分频器、PLL）的实例化。

（4）时钟模块的输出端口应该直接连接到核心模块的存储元件的输入端，在时钟模块外，不应再有其他地方产生时钟。

（5）不要用多级逻辑产生的时钟，这样的时钟容易有毛刺，导致存储元件不能正确锁存数据。

（6）有的 FPGA 可以根据时钟驱动电路的大小，自动将时钟驱动到全局时钟资源网络上，而有的 FPGA 则需要通过特殊的时钟缓冲元件才能驱动时钟到全局时钟网络上，在时钟模块完成时钟缓冲元件的实例化。

例 6.17   图 6.20 给出某设计中的时钟模块的一种结构。在本例中，一共需要 4 个时钟 m1_clk、m2_clk、m3_clk 和 m4_clk，这四个时钟分别是从信号 CLK1，CLK2 和 CLK3 经过分频或者直接得到的。这个四个时钟应该使用全局时钟资源，使其所管辖的设计区域的 D 触发器时钟具有较好的一致性。

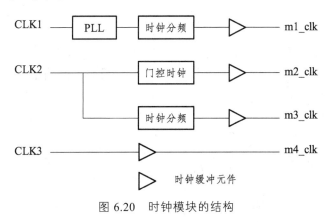

图 6.20   时钟模块的结构

6.3.2   时序电路的建模

1. 基本 D 触发器的建模风格

1）有异步复位的 D 触发器

```
module Dflip(rst_n,
        clk,
        din,
        dout);
input rst_n;
input clk;
input  [3:0] din;
```

149

```
output [3:0] dout;
reg  [3:0] dout;

always @(negedge rst_n or posedge clk)
    if (   !rst_n)
      dout <= 1'b0;
    else
      dout <= din;
endmodule
```

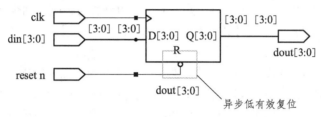

图 6.21　异步复位 D 触发器

上述代码是一个简单的具有异步复位的 D 触发器的建模风格，综合结果见图 6.21。注意其 always 中复位信号和时钟信号的写法，我们看到，rst_n 信号出现在敏感变量表，并出现在第一个 if 语句中，而 clk 虽然也出现在敏感变量表中，但是在整个分支语句中，对 clk 没有任何的编码信息。从这种写法中，综合器可以推测出 D 触发器的结构。!rst_n 表示是一个低有效的复位电路。无论什么时侯，只要 rst_n 为低电平，且低电平具有一定的宽度时，则 D 触发器的输出端 dout 变成 0。在 rst_n 为高电平，且时钟的上升沿到来时，dout 由 din 更新。

2）有同步复位功能的 D 触发器

```
module Dflip(rst_n,
        clk,
        din,
        dout)
input rst_n;
input clk;
input  din;
output  dout;
reg dout;
always @( posedge clk )
    if (!rst_n)
      dout <=1'b0;
    else
      dout <= din;
```

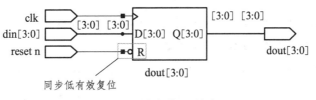

图 6.22 同步复位 D 触发器

上面是一个简单的具有同步复位的 D 触发器的建模风格，综合结果见图 6.22。注意其 always 中已经没有复位信号 rst_n 信号，同样在本例中没有对 clk 有任何编码。在上述描述的电路中，rst_n 的优先级高于 din。如果在时钟 clk 的上升沿到来时，rst_n 为低电平，dout 变成低电平。所谓的同步复位是指复位信号只有在时钟上升沿到来时且复位信号为低有效时，才完成复位。

3）有使能端的 D 触发器

```
module Dflip(rst_n,
           clk,
           din_en,
           din,
           dout)
input rst_n;
input clk;
input din;
input din_en;
output dout;
reg dout;
always @(negedge rst_n or posedge clk)
    if (!rst_n)
      dout <= 1'b0;
    else if (din_en)
      dout <= din;
endmodule
```

本段描述的是一个简单的具有异步复位和使能端的 D 触发器的建模风格。在 rst_n 为高电平且使能端 din_en 为高电平时，在时钟的上升沿，dout 由 din 更新。

6.2 亚稳态及其解决方法

信号的亚稳态就是不稳定的状态，即介于低电平 0 和高电平 1 之间，或是经过振荡到达 1 或 0 的稳态。如果时钟和 D 触发器的输入信号之间的关系是随机的，用时钟去采样 D 触发器的输入信号时，那么输入信号可能会变得与有效时钟沿之间太近，从而不能满足建立保持时间的要求，不可避免地导致输出状态的不确定。

例如，图 6.23 就是一个可能出现亚稳态的电路，Q2 的输出在某些时候可能是不稳定的。

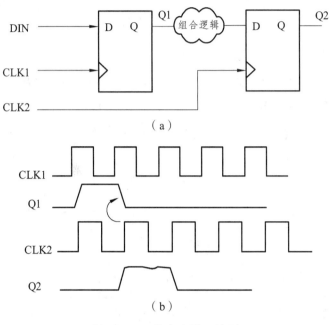

图 6.23　亚稳态电路及波形

在设计中的每个触发器都有一个特定的最小建立时间和保持时间，也就是说在时钟有效沿的前后，输入数据必须保持足够的稳定时间，如果这个稳定的时间不够，就会导致输出变成亚稳态。

异步电路的设计会导致亚稳态现象的出现，也就是说信号在不同的时钟域中传递时，会有不稳定的信号产生。那么如何消除这些亚稳定状态呢？

如果一个电路中包含了多个时钟，在设计时，将具有多个时钟的模块独立出来，而其他每个模块只有一个时钟，这样划分的优点是利于静态时序的分析。在时钟的模块中，用一个时钟同步另外一个时钟域中的信号。如图 6.24 所示：

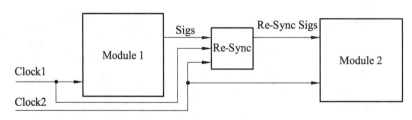

图 6.24　异步电路的划分示意

有两种同步异步信号的电路：

（1）如果一个被同步信号的宽度大于同步时钟的周期，那么可以采用如图 6.25 所示的同步电路。

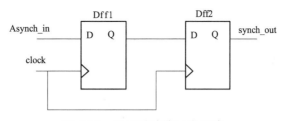

图 6.25　不同时钟域同步电路

让我们分析一下上述电路的工作过程：如果 Asynch_in 信号在 Dff1 的建立时间之前稳定了，那么在两个 clock 周期后，synch_out 从 Dff2 送出，这样 synch_out 与 clock 同步。如果异步信号在 Dff1 的建立时间之前稳定，那么两个 clock 周期之后，在 synch_out 到达稳定状态。如果 Asynch_in 信号在 Dff1 建立时间之前不稳定，假设不稳定的信号被采样为 0，但是最后到达 1，那么这个 1 将在 3 个周期后出现在 DFF2 输出端 synch_out。如果信号最后稳定为 0，那么这个 0 将在两个周期后出现在输出端 synch_out。不稳定的信号只出现在第一个 D 触发器的输出端，第二个 D 触发器采样到的数据是稳定的。

（2）如果被同步的信号的脉冲宽度小于同步的时钟时，应该采用如图 6.26 所示的电路。

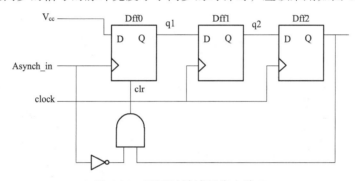

图 6.26　不同时钟域同步电路 II

该同步电路包括了三个触发器。在第一个 Dff0 中，Vcc 接到数据的输入端，而用异步 Asynch_in 信号做 Dff0 的时钟，这样 Asynch_in 上的一个窄脉冲将 Dff1 输入驱动到 1，这个值在两个时钟脉冲后传送到 Dff2 的输出。当 Dff2 的输出变成 1 时，接到 Dff0 异步复位端的信号 clr 使得 Dff0 变成 0。

（3）同步多个信号时，最好使用异步 FIFO 结构。一个异步的 FIFO 设计可以按照图 6.27 结构实现。

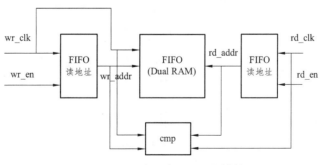

图 6.27　一种异步 FIFO 的结构

153

由于异步 FIFO 的读写时钟不同，因此，将读地址、写地址分别用两个模块实现，这两个模块中分别只有一个时钟。FIFO 用双端口 RAM 实现。模块 CMP，根据读写地址判断空满条件，包括了读、写两个时钟。

6.3 存储器的设计

大部分的 FPGA 中都提供了内嵌式存储器（ROM 或 RAM），因此，存储器的设计与目标器件密切相关。在使用存储器之前，首先应该清楚所使用的存储器的类型（双端口，还是单端口）、大小是否够用、速度是否满足设计要求、是否需要读出时钟等等。

在综合前，可以先用 Verilog 语言描述一个存储器的功能作为仿真使用，在电路设计验证正确后，再用 FPGA 中嵌入的存储器替换语言描述的存储器。

例如：下面是一个 128×8 的 RAM 设计，这是一个双端口的 RAM，具有读、写时钟，在读使能和写使能控制下，进行 RAM 的读写操作。

```
module
ram_128X8(wr_clk,wr_en,wr_addr,wr_dat8,rd_clk,rd_en,rd_addr,rd_dat8)
input wr_clk,wr_en, rd_clk,rd_en;
input [7:0] wr_dat8;
input [6:0] wr_addr;
output [7:0] rd_dat8;
output [6:0] rd_addr;

reg [7:0] rd_dat8;
reg [6:0] rd_addr;
reg [7:0] ram[127:0] ;

always @(posedge wr_clk)
if (wr_en)
  ram[wr_addr] <= wr_dat8 ;

always @(posedge rd_clk)
if (rd_en)
  rd_dat8 <= ram[rd_addr] ;
endmodule
```

该电路用 synplify 综合器可以得到一个标准的双口 RAM，然而使用 ISE/QUARTUS 等工具中自带的综合器却会综合成 D 触发器堆，耗费大量资源，因而在使用这些综合器时，必须将 RAM 模块注释成黑盒子（black_box），然后在布线时用实例化的 RAM 模块替代之。

154

6.4 模块设计

设计描述阶段包括顶层设计和详细设计两个阶段。根据系统规范的要求，将系统划分成若干个模块，形成顶层模块图，顶层模块完成系统定义的全部功能。在顶层设计完成之后，定义各个模块的功能和接口并以原理图的形式划出各个子模块之间的连接关系。在顶层模块的基础上，将子模块进一步划分成更小的模块，重复这个过程，直到所细分的模块能实现相对单一的功能为止。设计描述阶段，应该定义每个模块的功能、本模块和其他模块之间的接口。对于包含一些特定算法的模块，应该说明算法的原理、实现细节等。模块划分多大、如何划分，取决于设计人员对所设计系统的理解和设计经验，没有一个非常严格的规则，但大体上有一些基本原则，这些原则最初是针对 IC 设计总结的，但是对 FPGA 设计也同样适合，使用这些规则可以清晰地划分电路，形成较为合理的电路结构，帮助形成良好的设计习惯。下面我们简单地列举一些模块划分的原则。

1. 分离特殊逻辑和核心逻辑

在芯片级应该把特殊功能的逻辑如存储器模块、I/O 模块、时钟模块和复位模块等从核心逻辑中分离出来。一种比较合理的顶层划分图如图 6.28 所示。I/O 模块包含了所有 I/O 缓冲器；时钟模块包含了所有核心模块用到的时钟，并且每个时钟应该通过一定的方式进入到 FPGA 全局时钟网络中；复位模块包含了核心逻辑模块中用到的所有的复位信号；核心逻辑模块包含了基本的设计层次。

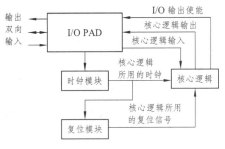

图 6.28　顶层划分

2. 不要在模块之间使用粘合逻辑

不要在设计的模块之间实例化门级逻辑。一个设计应该只在层次结构中的最底层模块中包含门电路的实例。例如，在图 6.29 中的两个二级模块中，存在一个异或门。综合编译器不可能将异或门与模块 B 中的组合逻辑合并，因此限制了逻辑优化，图 6.29（b）中，将粘合逻辑合并到模块 B 的组合逻辑中。

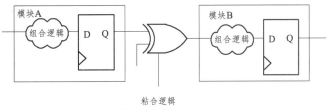

（a）模块间存在粘合逻辑

155

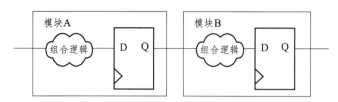

（b）模块间没有粘合逻辑

图 6.29　二级模块图

3. 除了时钟处理模块外，一个模块内只使用一个时钟

如果一个设计中包含了多个时钟，应按时钟管辖的范围划分模块。将具有多个时钟的设计划分成若干个模块，一个时钟管理一个模块。这样做的目的是为了便于做时序分析，实施综合约束。

4. 相关的组合逻辑放到同一模块

相关的组逻辑应划分在一个模块中。当相关的组合逻辑被划分在一个模块内时，综合编译器可以灵活地优化这些组合逻辑。一般情况下综合编译器不能将一个模块的组合逻辑搬到另外一个模块中，除非在编译之前将不同的模块展平。图 6.30（a）给出了一个例子，在这个例子中，相关的逻辑被划分在三个不同的模块中，应该改为图 6.30（b）的划分较为合理。

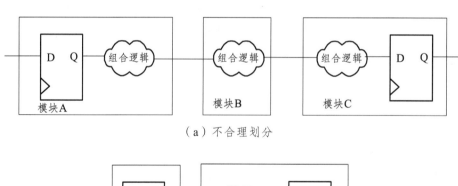

（a）不合理划分

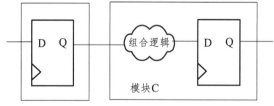

（b）较合理的划分逻辑

图 6.30

5. 按照不同的设计目标划分模块

将影响到系统工作速度的关键路径模块从非关键路径的模块中分离出来，这样，编译器可以按速度优化关键路径，而对非关键路径则按面积优化。

156

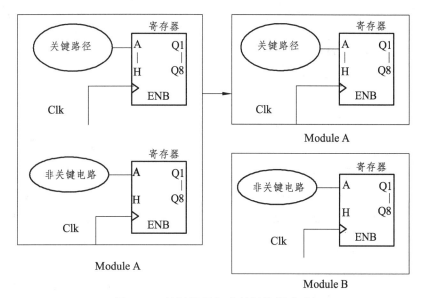

图 6.31　关键路径与非关键路径分离

6. 锁存所有输出

每个模块经过 D 触发器锁存后再输出，如图 6.32 所示。这个原则实际上就是要求寄存器和输出端口之间没有组合逻辑。

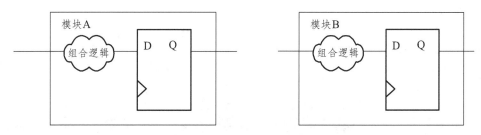

图 6.32　锁存所有输出

7. 独立异步逻辑

在 FPGA 的设计中，应该尽力避免异步逻辑设计。如果必须使用异步逻辑，将异步逻辑放在一个独立的模块中。这样可以更方便地检查代码、功能和时序。

8. 时序逻辑使用 D 触发器而不是锁存器

6.5　系统规范

6.5.1　系统规范的内容

为了叙述方便，让我们再回忆一下 FPGA 的设计流程：系统规范定义、模块设计、设计输入、功能仿真（前仿真）、综合、布局布线、时序仿真（后仿真）、配置下载。

FPGA 系统的设计是从系统规范定义开始的，是非常重要的工作。如果系统的规范定义不正确，或有二义性，那么其他工作都是没有意义的。一个 FPGA 设计的系统规范定义至少应该包含以下的内容：

1. FPGA 完成的功能

详细描述所设计的 FPGA 所完成的功能和拟达到的性能指标，功能规范最好是使用可执行的规范语言描述，以便整个功能定义没有二义性。制定无二义性功能是整个设计的核心，是后继 FPGA 实现的依据。

2. 所设计的 FPGA 一些典型应用

所设计的 FPGA 是如何与外部的其他器件一起构成系统的；这些典型设计可以作为使用 FPGA 的 PCB 设计人员的参考设计。

3. I/O 管脚的描述

在管脚描述中应该包括：输入输出的驱动能力、输入输出的阈值电平（即 TTL/CMOS/PECL/LVDS）、I/O 管脚数目、时序等。

4. FPGA 设计规模的大小估计

虽然在设计没有完成前，无法准确给出设计的大小，但是应该有一个初步的预估，以便选择合适的 FPGA 器件。

5. 封装形式

封装不同 FPGA 的价格也不一样，需要了解不同的 FPGA 厂家的封装，根据要求选择合适的封装。

6. 目标功耗

提出功耗要求，以便在设计中，采用合适的设计和算法使得 FPGA 功耗达到要求。

7. 可能使用的第三方 IP 核

需要从其他公司了解 IP 核，分析它们的规范、了解价格、评估它们对本项目的影响，以决定是否采用。如果采用，是否需要做微小的修改，或以什么样的形式提交给本项目。

8. 构想数个总体实现方案

一个项目往往可以包含多个实现方案，在系统规范阶段，可以提出多种方案，然后分析各种方案的可行性，根据资源、难易程度、软硬件等综合考虑，挑选一个合理的方案。

9. FPGA 的验证和测试

在规范中还应该明确如何验证和测试 FPGA 功能的正确性，包括 FPGA 设计的前端仿真方案、PCB 板设计、测试程序方案和软件等。

10. 说明关键模块

关键模块往往是一个项目的能否顺利完成的核心，关键模块需要安排合适的人提前进行设计和验证，以保证它们不会影响整个项目进度。

11. 拟选用的 FPGA 类型

综合考虑 FPGA 价格、FPGA 的保密性、设计规模、I/O 管脚的数目和使用第三方 IP 等因素，选择合适类型的 FPGA 作为系统实现的载体。

系统规范阶段除了要制定详细的系统设计规范文档外，还需要形成详细的项目规划文档，包括项目的进度、资源的需求、各个阶段所使用的工具、技术和方法等。另外，还应选择合适的人形成设计团队、制订培训计划等项目管理文档。

在制定规范阶段，应该请所有相关人员对系统的规范进行评估，确定系统规范的可行性。这个评估非常重要，它是整个芯片设计的基础，不同的人员可能会从不同的角度对系统规范提出意见或指出疏漏。根据评估的意见，修改系统规范，以便设计可以进入第二阶段。

第7章 有限状态机的设计

时序逻辑电路的设计核心在于如何在时钟控制下完成多种状态的变化，由数字电路的知识可知，时序电路的变化会遵循状态转换图，把状态转换图变为代码模块就可以编写成有限状态机，所以想要把时序电路设计得清楚明白，有限状态机的设计是一个基本功。本章就着重介绍编写有限状态机和编写状态机时需要注意的一些问题。读者可以带着如下问题阅读本章：

（1）moore 型状态机和 mealy 型状态机的区别是什么？

（2）常见的状态机写法是什么？

（3）常见的状态编码有哪几种，各有什么特点？

7.1 有限状态机简介

有限状态机是建立系统模型最为有效的手段，有着广泛的应用。综合工具可以非常有效地将 HDL 语言描述的状态机行为优化成门级电路。下面首先介绍一下状态机的基本概念和设计方法。

7.1.1 有限状态机的基本概念

为了描述不同的系统和行为，有限状态机有非常多的变形，研究人员作了大量的理论研究。在数字电路设计中，我们一般采用 Mealy 和 Moore 机（如图 7.1 所示），这两类状态机描

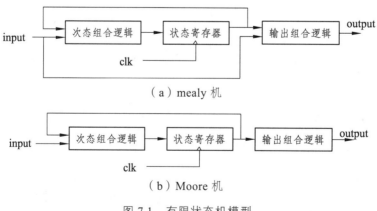

（a）mealy 机

（b）Moore 机

图 7.1 有限状态机模型

述电路的行为 Mealy 机和 Moore 机都由三个部分构成：存储当前状态的寄存器（存储元件），决定下一个状态的次态组合电路和输出组合电路。不同的是，Mealy 机的输出不但与当前状态有关，还与输入有关，而 Moore 机的输出只与当前状态有关。Mealy 机和 Moore 机可以用下面两个抽象结构表示。

Moore 机和 Mealy 机的一般手工设计方法如下：

（1）根据功能要求，确定电路的状态数目。

（2）定义状态转移表。

（3）选择状态赋值。

（4）编码次态和输出表。

（5）状态化简和输出。

（6）根据状态转移图完成电路的实现。

7.1.2　用 Verilog 语言描述显示的有限状态机

与手工设计不同的是，状态的化简和设计实现是由综合器自动实现的。根据图 7.1 所示的 Mealy 和 Moore 机的抽象结构，在用 Verilog 描述状态机时，将状态机的描述划分成两个进程：

（1）一个进程用电平敏感的组合逻辑描述次态和输出。

（2）一个进程用边沿敏感的行为描述同步更新的时序逻辑（状态）。

在用 Verilog 建立一个状态机的模型时，需要注意：

（1）可以用 parameter 说明符号状态名，如 s_0、s_1，用符号名定义状态使得 Verilog 代码更易读，并且在重新修改状态时变得简单。也可以用 define 定义状态，但是 define 定义的是全局变量，而 parameter 则为局部定义，这样可以在一个设计中定义多个名称相同的状态。如：parameter [2:0] IDLE = 3'd0，S1 = 3'd1，S2 = 3'd2，S3 = 3'd3，ERROR = 3'd4。

（2）case 语句中对所有的状态进行编码。对 case 语句中没有列举的状态，用 default 进行说明，以便避免综合出锁存器，使电路工作不正常。一般有三种类型的默认次态赋值：① 次态赋值成不定态（x），初值赋值成 x 时，如果系统状态没有列举全，那么仿真时可能出现不确定的状态。但是，综合工具将 x 视为无关项（don't care）进行优化；② 次态被设置成预定义的恢复状态，如 IDLE，这样在一些不确定的情况下，电路可自动恢复到正常工作状态；③ 次态被赋值成状态寄存器的值，即当前状态。

（3）时序部分只用组合电路计算出的新状态更新当前状态。

（4）状态机的输出可以用连续赋值。

（5）状态机设计时，要求用一组 D 触发器表示一组状态，并要求每个状态应该用一个二进制编码唯一表示。状态编码直接影响 D 触发器的数目、计算次态的组合电路和输出组合电路实现的复杂度。读者可以参看数字电路设计方面的书籍了解一些基本的编码规则，这些规则有助于减少组合电路的复杂度。

（6）在设计电路时，必须保证表示系统状态的 D 触发器数目是足够的，表示系统状态的 D 触发器数目与表示状态的编码有关。例如，如果采用 BCD 编码，则 8 个状态需要用 3 个 D 触发器，而采用独热码则需要 8 个 D 触发器。有些综合器可以自动将 BCD 编码转换成独热码。一般常用的编码有：二进制码（binary code）、格雷码（gray code）、独热码（one-hot code）、约翰逊编码（Johnson code）。表 7.1 列出了这四种编码（0-15）的形式。

表 7.1　常见的状态编码

十位数	二进制码	格雷码	独热码	约翰逊编码
0	0000	0000	0000_0000_0000_0001	0000_0000
1	0001	0001	0000_0000_0000_0010	0000_0001
2	0010	0011	0000_0000_0000_0100	0000_0011
3	0011	0010	0000_0000_0000_1000	0000_0111
4	0100	0110	0000_0000_0001_0000	0000_1111
5	0101	0111	0000_0000_0010_0000	0001_1111
6	0110	0101	0000_0000_0100_0000	0011_1111
7	0111	0100	0000_0000_1000_0000	0111_1111
8	1000	1100	0000_0001_0000_0000	1111_1111
9	1001	1101	0000_0010_0000_0000	1111_1110
10	1010	1111	0000_0100_0000_0000	111_11100
11	1011	1110	0000_1000_0000_0000	111_11000
12	1100	1011	0001_0000_0000_0000	111_10000
13	1101	1010	0010_0000_0000_0000	111_00000
14	1110	1001	0100_0000_0000_0000	110_00000
15	1111	1000	1000_0000_0000_0000	100_00000

在这四种编码中，二进制编码和格雷码所用的 D 触发器最少。与二进制编码不同的是格雷码相邻的编码之间只有一位不同，在相邻状态发生转移的时候，可以减少同时翻转的 D 触发器数目，因此可以减少电路的噪声。利用这个特性，可以简化一些电路的设计。Johnson 码也具有这样的特性，但是所用的 D 触发器更多一些。One-hot 码是目前流行的一种编码方式，每个状态一个 D 触发器，这种编码方式虽然需要的 D 触发器比较多，但是计算次态的组合电路却比较小，电路的速度和可靠性有明显的提高。

状态机的状态数目不宜过多，否则会导致电路规模太大。

7.2　两种状态机模型

moore 型和 mealy 型状态机的设计有相似的地方，也有不同的地方。本节通过两个常见的例子来说明两种状态机的区别和如何对其进行建模。

7.2.1　moore 型红绿灯

moore 型红绿灯没有输入信号，这种红绿灯是最常见的各个路口使用的红绿灯模型，一旦开始工作就会按照预先设定的程序进行工作，依次亮起红黄绿灯，每个灯亮的时间都是固定的。其工作时的状态转换图如图 7.2 所示。

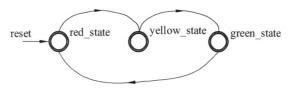

图 7.2　moore 型红绿灯状态转换图

针对此红绿灯模型，采用如下的代码对其建模：

```verilog
module trafficlight1(clock,reset,red,yellow,green);
  input clock,reset;
  output red,yellow,green;
  reg red,yellow,green;

  reg [1:0] current_state,next_state;
  reg [4:0] light_count,light_delay;

  parameter red_state=2'b00,
            yellow_state=2'b01,
            green_state=2'b10,
            red_delay=4'd8,
            yellow_delay=4'd3,
            green_delay=4'd11;
  always @ (posedge clock or posedge reset)
  begin
    if(reset)
      light_count<=0;
    else if(light_count==light_delay)
      light_count<=1;
    else
    light_count<=light_count+1;
  end

  always @ (posedge clock or posedge reset)
  begin
    if(reset)
      current_state<=red_state;
    else
```

```verilog
        current_state<=next_state;
end

always @(current_state or light_count)
begin
  case(current_state)
    red_state:begin
            red=1;
            yellow=0;
            green=0;
            light_delay=red_delay;
            if(light_count==light_delay)
            next_state=yellow_state;
          end
    yellow_state:begin
              red=0;
              yellow=1;
              green=0;
            light_delay=yellow_delay;
            if(light_count==light_delay)
              next_state=green_state;
            end
    green_state:begin
              red=0;
              yellow=0;
              green=1;
            light_delay=green_delay;
            if(light_count==light_delay)
              next_state=red_state;
            end
    default:begin
            red=1;
            yellow=0;
            green=0;
            next_state=red_state;
          end
        endcase
      end
    endmodule
```

该段代码的主体部分使用了两个 always 结构。

第一段 always 结构的敏感列表是时钟和复位信号，是描述时序电路的形式，采用的是非阻塞赋值，在每次 clock 到来时把 next_state 赋给 current_state，完成新旧状态的转换。所以第一段 always 的功能就是在每个 clock 边沿处或者 reset 信号生效时完成电路从原态到新态的转换。所谓原态，就是时序电路的旧状态，新态就是电路在原态基础上受外界信号驱动或自身触发器驱动所变化成的新状态。新态一定是与原态有关的，这部分知识在数字电路课程中有介绍。

第二段 always 结构的敏感列表是 current_state，描述的是一个组合逻辑电路，主体部分采用的是一个 case 语句，每当 current_state 发生变化时都触发这个 always 结构，并对 current_state 进行判断，根据不同的值来执行每一个分支。程序中采用 parameter 定义参数，目的是增强可读性，尤其在 case 语句中判断当前电路工作在哪一状态非常方便。

定义了功能模块后，可以编写测试模块对其进行仿真验证，测试模块代码如下：

```
module tb8;
  reg clock,reset;
  wire red,yellow,green;
  initial clock=0;
  always #10 clock=~clock;
  initial
  begin
    reset=1;
    #1 reset=0;
    #10000 reset=1;
    #20 $stop;
  end

  trafficlight1 light1(clock,reset,red,yellow,green);
endmodule
```

运行测试模块可得如图 7.3 所示的仿真波形图，从波形图中可以看到，随着 clock 的变化，red、yellow 和 green 三个输出信号会依次输出高电平，驱动连接的显示灯，从而实现交通灯的功能。

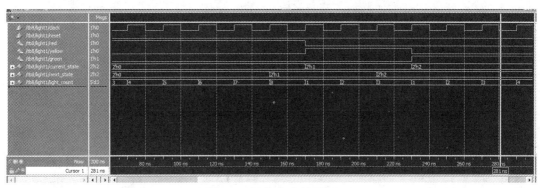

图 7.3　时序仿真波形图

7.2.2　mealy 型红绿灯

在有些道路中没有固定变化的红绿灯，而是当行人需要通过时，按下灯下的按钮，等待一段时间之后绿灯亮起，绿灯持续一段时间后重新变为红灯。也就是说这个红绿灯没有外界输入的时候会维持在一个状态，而当输入信号变化时会产生状态的变化。针对这一特点，可以采用如图 7.4 所示状态转换图对其进行描述。

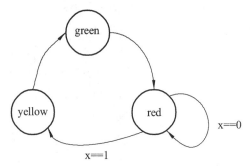

图 7.4　mealy 型红绿灯状态转换图

在状态图中，x 是外界的输入信号，当 x 为 0 时认为没有输入信号，即没有行人需要使用红绿灯，当 x 为 1 时表示有行人要使用红绿灯，此时红绿灯变黄、变绿然后变回红灯。这种红绿灯只是 mealy 型状态机中最简单的一种，仅在 red 状态时有两种不同的变化。实际的 mealy 型状态机可能在任意一个状态都有两种变化情况。

对 mealy 型红绿灯进行功能建模，可得如下代码：

```
module trafficlight2(clock,reset,x,red,yellow,green);
  input clock,reset;
  input x;
  output red,yellow,green;
  reg red,yellow,green;
  reg [1:0] current_state,next_state;
  reg [4:0] light_count,light_delay;
  parameter red_state=2'b00,
          yellow_state=2'b01,
          green_state=2'b10,
          red_delay=4'd8,
          yellow_delay=4'd3,
          green_delay=4'd11;
  always @ (posedge clock or posedge reset)
  begin
    if(reset)
      light_count<=0;
    else if(light_count==light_delay)
```

```verilog
        light_count<=1;
    else
    light_count<=light_count+1;
end
always @ (posedge clock or posedge reset)
begin
  if(reset)
    current_state<=red_state;
  else
    current_state<=next_state;
end
always @(current_state or light_count or x)
begin
  case(current_state)
    red_state:begin
            red=1;
            yellow=0;
            green=0;
            if(x==1)begin
            light_delay=red_delay;
            if(light_count==light_delay)
            next_state=yellow_state;
          end
      end
    yellow_state:begin
              red=0;
              yellow=1;
              green=0;
            light_delay=yellow_delay;
            if(light_count==light_delay)
              next_state=green_state;
            end
    green_state:begin
              red=0;
              yellow=0;
              green=1;
            light_delay=green_delay;
            if(light_count==light_delay)
              next_state=red_state;
```

```
                    end
          default:begin
              red=1;
              yellow=0;
              green=0;
              next_state=red_state;
            end
          endcase
        end
      endmodule
```

从代码中可以看到，mealy 型状态机与 moore 型状态机的主要区别在于 case 语句段，在红灯状态下根据输入信号 x 的不同可以指定不同的下一个状态，而其他部分和 moore 型状态机没有太大差别。运行仿真后可得图 7.5 所示的波形图，由波形图很容易看到，当 x 变为 1 时，red、yellow 和 green 就会产生一次变化，然后回到红灯状态，直到下次 x 再变成 1 时继续重复这一过程。读者可以自行尝试用计数器的方式重新编写代码。

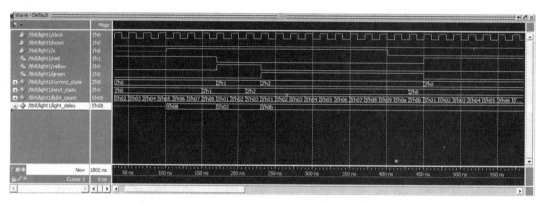

图 7.5　仿真波形图

Mealy 型状态机的特点就是每个状态都可能随着输入信号的不同而指向不同的下一状态，所以在指定下一状态的时候多在 case 语句中使用 if 来进行条件判断，从而确定应该变化到哪个状态。

7.3　深入理解状态机

看到 7.2 节中的 moore 型状态机和 mealy 型状态机的例子，可能会感觉状态机并没有什么太难的地方，这是一种错误的想法，本节就要通过一个 mealy 型状态机的例子来展示状态机建模时可能会存在的一些问题，这些问题主要体现在代码与最终电路的关系方面。

7.3.1　一段式状态机

考虑数字电路课程中的一个经典案例：序列检测电路。要构造这样一个电路，需要在每个时钟周期送入电路一个数值，电路完成信号的检测，当输入的数值依次为 0110 时，表示检测成功，此时通过一个输出端口发出一个信号，用来与之后的电路进行交互。这种序列检测电路在实际中应用场合较多，比如通信中的两个设备进行信号同步等，都会使用到这种序列检测电路。虽然软件也能完成此功能，但是用硬件电路会得到更好的稳定性和更快的速度。

实现此功能首先要画出可行的状态转换图，如图 7.6 所示。表 7.2 给出了编写代码时更易于使用的状态转换关系。

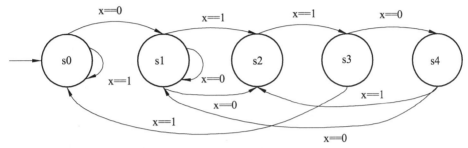

图 7.6　序列检测状态转换图

表 7.2　状态转换关系

原 状 态	目 的 状 态	转 换 条 件
s0	s0	x==1
s0	s1	x==0
s1	s1	x==0
s1	s2	x==1
s2	s1	x==0
s2	s3	x==1
s3	s0	x==1
s3	s4	x==0
s4	s1	x==0
s4	s2	x==1

根据状态转换图和状态转换关系，可建立如下的序列检测电路模型。

```
module fsm_seq1(x,z,clk,reset);
  input x,clk,reset;
  output z;
  reg z;
  reg[2:0] state;
  parameter s0='d0,s1='d1,s2='d2,s3='d3,s4='d4;

  always@(posedge clk or posedge reset)
```

169

```
begin
  if(reset)
    begin
      state<=s0;
      z=0;
    end
  else
    casex(state)
      s0:    begin
               if(x==1)
                 begin
                   state<=s0;
                   z<=0;
                 end
               else
                 begin
                   state<=s1;
                   z<=0;
                 end
             end
      s1:    begin
               if(x==0)
                 begin
                   state<=s1;
                   z<=0;
                 end
               else
                 begin
                   state<=s2;
                   z<=0;
                 end
             end
      s2:    begin
               if(x==0)
               begin
               state<=s1;
               z<=0;
               end
               else
```

```
                begin
                    state<=s3;
                    z<=0;
                end
            end
    s3:     begin
            if(x==0)
            begin
            state<=s4;
            z<=1;
            end
                else
                    begin
                        state<=s0;
                        z<=0;
                    end
                end
    s4:     begin
            if(x==0)
            begin
            state<=s1;
            z<=0;
            end
                else
                    begin
                        state<=s2;
                        z<=0;
                    end
                end

    default: state<=s0;
    endcase
  end
endmodule
```

　　此代码采用的都是可综合的语句,所以可以被综合工具进一步处理,可得如图 7.7 所示的电路结构图,同时可以借助其内部的状态机分析工具得到如图 7.8 所示的状态转换图,可以看到和最初设想的图 7.4 是一致的。正常情况下最终实现的状态转换图和最初设计的一定要保持一致,否则就是代码中出现了问题,导致状态转换图发生变化。

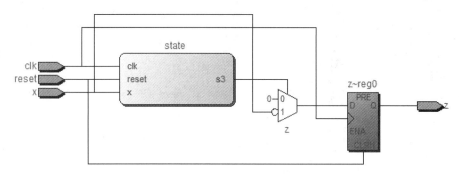

图 7.7　RTL 综合电路图

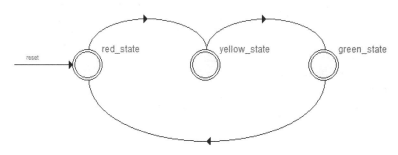

图 7.8　程序运行状态转换图

对此序列检测电路编写测试模块如下。

```
module tb82;
  reg x,clk,reset;
  wire z;
  integer seed=8;
  initial clk=0;
  always #5 clk=~clk;
  initial
  begin
    reset=0;
    #15 reset=1;
    #15 reset=0;
  end
  always #10 x=($random(seed)/2);
  fsm_seq1 seq(x,z,clk,reset);
endmodule
```

　　运行测试模块可得图 7.9 所示的波形图，可以看到该模块是能够正常工作的，当第一排的信号 x 出现 0110 序列时，z 输出 1。为了方便观察，波形图中 x 变化的位置都是在 clk 信号的下降沿，与 clk 信号的上升沿区分开。图中一共出现了三次 z 的高电平部分，第一次出现时在 445 ns 位置，第二次和第三次出现的位置是 x 出现连续序列 0110110 时，按照状

172

态转换图此时生成两次高电平，这是允许信号重复使用的情况，视为出现了两次 0110。如果不想出现这种情况，可以修改程序代码，把 case 语句中 s4 状态下的 "state< = s2" 修改为 "state< = s0" 即可，读者可自行尝试。

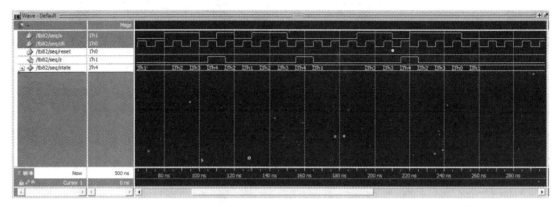

图 7.9　功能仿真波形图

7.3.2　两段式状态机

两段式状态机与一段式状态机的主要区别在于多增加了一段 always 结构用于原态和新态的转换。本节中的序列检测模块用两段式状态机编写如下。

```verilog
module fsm_seq2(x,z,clk,reset);
  input x,clk,reset;
  output z;
  reg z;
  reg[2:0] state,nstate;
  parameter s0='d0,s1='d1,s2='d2,s3='d3,s4='d4;


  always@(posedge clk or posedge reset)
  begin
    if(reset)
      state<=s0;
    else
      state<=nstate;
  end
  always@(state or x)
  begin
    casex(state)
      s0:    begin
               if(x==1)
```

```verilog
               begin
                 nstate<=s0;
                  z<=0;
                 end
             else
                 begin
                  nstate<=s1;
                   z<=0;
                  end
             end
s1:       begin
            if(x==0)
               begin
                  nstate<=s1;
                   z<=0;
                 end
               else
                 begin
                    nstate<=s2;
                     z<=0;
                   end
               end
s2:       begin
              if(x==0)
              begin
              nstate<=s1;
              z<=0;
              end
                else
                  begin
                     nstate<=s3;
                      z<=0;
                    end
                  end
s3:       begin
            `if(x==0)
              begin
              nstate<=s4;
              z<=1;
```

```verilog
                    end
                else
                  begin
                    nstate<=s0;
                    z<=0;
                  end
                end
    s4:       begin
              if(x==0)
              begin
              nstate<=s1;
              z<=0;
              end
                else
                  begin
                    nstate<=s2;
                    z<=0;
                  end
                end

        default: nstate<=s0;
      endcase
    end
endmodule
```

代码分成两段的直接影响读者可能看不出来，先对该 fsm_seq2 模块进行测试，运行仿真可得图 7.10 所示结果。

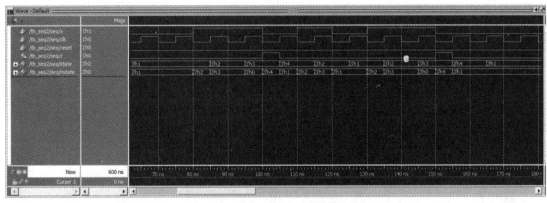

图 7.10　fsm_seq2 功能仿真波形图

对照图 7.9 和图 7.10，虽然都在检测中出现了 z 的高电平区间，而且结果也正确，但还是能发现两个模型的不同点。

（1）fsm_seq1 的输出 z 发生在每个 clk 上升沿的位置，fsm_seq2 的输出 z 发生在 x 变化的位置，如图 7.11 中 440 ns 的位置，此时 x 变为 0，同时 z 产生输出结果。

（2）fsm_seq1 的输出维持一个周期，fsm_seq2 的输出维持半个周期。fsm_seq1 的 always 结构对 clk 上升沿敏感，所以每次 clk 边沿才会改变输出结果，信号维持一个周期。fsm_seq2 的输出是在 always@（state or x）这个结构中，可以看到检测的 state 或者输入信号 x，这是描述了一个组合逻辑，同时使用了阻塞赋值语句。由于 x 变化发生在 clk 的下降沿，此时触发该模块并引起输出值的变化，等到 clk 上升沿来临时会引起 state 的变化，再次触发 always@（state or x），引起输出值的变化。所以输出 z 的高电平维持的时间是从 x 变化到 clk 的上升沿这段时间。

（3）由于最后的输出是采用组合逻辑电路的形式描述的，所以最后实现的电路最终输出部分是组合逻辑，是根据 x 的变化情况来产生输出，不以 clk 的边沿作为输出条件，这样的电路在与后级连接时需要注意时序问题。

7.4 应用实例

7.4.1 独热码状态机

进行时序电路设计时，一般都要先根据设计要求画出状态转换图，然后根据状态转换图来确定如何编写代码。本章的两个例子直接给出两个状态转换图，然后根据状态转换图建立模型。读者可以先自行尝试编写代码，然后与实例中给出的代码对照。对图 7.11 所示的状态转换图进行建模。

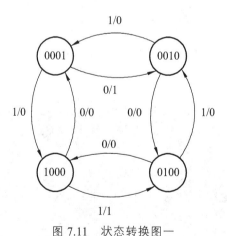

图 7.11 状态转换图一

编写模型代码如下：

```
module durema(clk,reset,x,y1,y2);
  input clk,reset;
  input x;
  output y1,y2;
```

```verilog
reg y1,y2;
reg[3:0] cstate,nstate;
parameter s0=4'b0001,s1=4'b0010,s2=4'b0100,s3=4'b1000;

always@(posedge clk or posedge reset)
begin
  if(reset)
    cstate<=s0;
  else
    cstate<=nstate;
  end
  always@(cstate or x)
  begin
    case(cstate)
      s0: begin
            if(x==0)
              nstate=s1;
            else
              nstate=s3;
            end
      s1: begin
            if(x==0)
              nstate=s2;
            else
              nstate=s0;
            end
      s2: begin
            if(x==0)
              nstate=s3;
            else
              nstate=s1;
            end
      s3: begin
            if(x==0)
              nstate=s0;
            else
              nstate=s2;
            end
      default:nstate=s0;
```

```verilog
      endcase
end

  always@(cstate or x)
   begin
     case(cstate)
       s0:begin
           if(x==0)
             y1=1;
           else
             y1=0;
           end
       s1:begin
           if(x==0)
             y1=0;
           else
             y1=0;
           end
        s2:begin
           if(x==0)
             y1=0;
           else
             y1=0;
           end
       s3:begin
           if(x==0)
             y1=0;
           else
             y1=1;
           end
      default:y1=0;
    endcase
  end

  always@(cstate or x)
  begin
    if(cstate==s0 && x==0)
      y2=1;
    else if(cstate==s3 && x==1)
```

```
        y2=1;
      else
        y2=0;
    end
  endmodule
```

在本例中使用了两个输出 y1 和 y2，y2 是一个简化输出，用来描述在两种情况下输出 1 值，其他情况下输出都是 0 值，如果结合括号使用，还可以进一步精简成如下形式。

```
always@(cstate or x)
begin
  if((cstate==s0 && x==0)||(cstate==s3 && x==1))
    y2=1;
  else
    y2=0;
  end
```

编写测试模块代码如下：

```
module tb_durema;
  reg x,clk,reset;
  wire y1,y2;
  initial clk=0;
  always #5 clk=~clk;
  initial
  begin
    reset=0;
    #15 reset=1;
    #15 reset=0;
    #10000 $stop;
  end
  initial
  begin
    #10 x=1;
    #500 x=0;
  end
  durema tdurema(clk,reset,x,y1,y2);
endmodule
```

运行可得如图 7.12 所示仿真波形图。图中截取了 x 为 1 和 0 两个部分，最下方一行是当前状态情况，对照之前的状态转换图，可知结果正确。

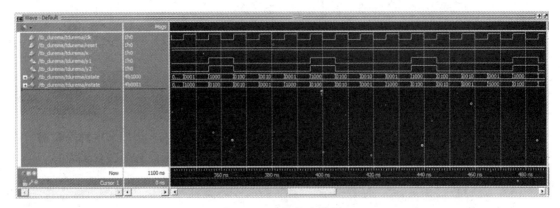

图 7.12 功能仿真波形

使用 QuartusII 工具进行综合，生成的 RTL 电路图如图 7.13 所示，生成的状态机转换图如图 7.14 所示。

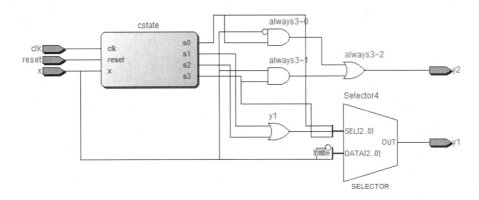

图 7.13 RTL 电路图

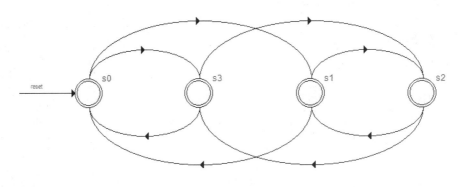

图 7.14 状态转换图

7.4.2 格雷码状态机

本小节使用格雷码进行状态机的建模，输出部分给出四个输出，在同一波形图中直接对比，可以加深读者对几种输出方式的理解。本设计所使用的状态转换图如图 7.15 所示。

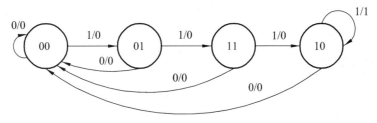

图 7.15 状态转换图

对该状态转换图建立功能模块如下：

```
module geleima(clk,reset,a,z1,z2,z3,z4);
input clk,reset;
input a;
output z1,z2,z3,z4;
reg z1,z2,z3,z4;
reg [1:0]cs,ns;

parameter s0=2'b00,s1=2'b01,s2=2'b11,s3=2'b10;

always @(posedge clk or posedge reset)
    begin
    if(reset)
        cs<=s0;
    else
        cs<=ns;
    end

    always @(ns or a)
    begin
    case(cs)
    s0: begin
            if(a==0)
                ns=s0;
            else
                ns=s1;
        end
    s1: begin
            if(a==0)
                ns=s0;
            else
```

```
                        ns=s2;
            end
    s2: begin
                    if(a==0)
                        ns=s0;
                    else
                        ns=s3;
            end
    s3: begin
                    if(a==0)
                        ns=s0;
                    else
                        ns=s3;
            end
    default:ns=s0;
    endcase
end

always @(posedge clk)
begin
    if(cs==s3 && a==1)
        z1<=1;
    else
        z1<=0;
    end

always @(posedge clk)
begin
    if(cs==s3 && a==1)
        z2<=1;
    else
        z2<=0;
    end

always @(cs)
begin
    if(cs==s3 && a==1)
        z3<=1;
    else
```

```
      z3<=0;
   end

always @(ns)
begin
   if(cs==s3 && a==1)
     z4<=1;
   else
     z4<=0;
   end
endmodule
```

使用 QuartusII 工具进行综合，生成的 RTL 电路图如图 7.17 所示，生成的状态机转换图如图 7.18 所示。

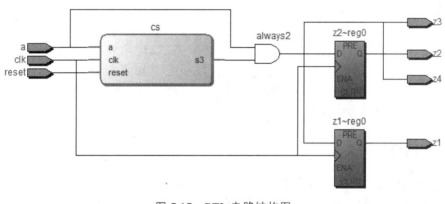

图 7.17　RTL 电路结构图

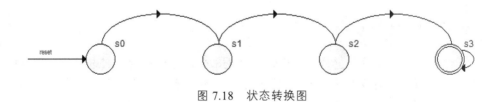

图 7.18　状态转换图

第8章 FPGA 系统设计实例

8.1 项目一 出租车计费器

8.1.1 项目设计目的

掌握使用 Verilog HDL 语言对常用的组合逻辑电路和时序逻辑电路进行编程,全面熟悉、掌握 FPGA 设计流程,把编程和实际案例结合起来,熟悉仿真和调试程序的技巧,培养学生使用设计综合电路的能力,规范学生编程的方法。

8.1.2 项目设计功能描述

(1)实现计费功能,计费标准为:按行驶里程计费,起步价为 7.0 元,并在车行 3 km 后按每千米 1 元计费,当计费器达到或超过 20 元时,每千米加收 50%的车费,停车时不计费。

(2)现场模拟功能:以开关按键模拟千米计数,能模拟汽车启动、停止、暂停等状态。

(3)将车费和路程分别以十进制形式显示出来。

8.1.3 项目实现要求

(1)使用 Verilog HDL 语言完成编码。

(2)使用 Multisim 仿真软件进行功能仿真。

(3)使用 QuartusII 软件进行综合。

8.1.4 项目设计思想和过程

由于无法实际使用车轮来进行里程统计,这里采用信号模拟的方式进行代替。可以使用一个输入信号,当输入信号出现一次上升沿时表示车轮运转了一次,然后按照一定的数量如 200 次累计完成 1 km。由于是近似代替,所以直接使用信号上升沿表示 1 km,这样方便设计和仿真,如果需要其他的数量可以使用分频器来进行处理。

在设计过程中,首先进行端口定义,用 money 和 kilometer 分别记录车费数和千米数,stop、start、suspend 分别是控制开始、停止、暂停的功能按钮,a 是输入信号,当其为高电平时,则认为汽车已经走了 1 km,相应的 kilometer 加 1。Money 根据题目要求随着不同的计费方式而得出相应值,m1、m2、k1、k2 分别是用数码管显示的译码数据、动态显示数据。在计算 money 和 kilometer 时分别用到两个 always 模块处理这两个输出信号,这样程序的大体结构就完成了,然后再考虑一些具体的细节,如语法问题,注意要在一些地方加入 begin...end,避免出现一些简单的语法错误。

1. 设计模块代码

```
module
driver(kilometer,money,a,stop,start,suspend,m1,m0,k1,k0,b1,b2,b3,b4);
    input stop ,start,suspend;
    input a;
    output[6:0]kilometer,money;
    output[3:0]m1,m0,k1,k0;
    output[6:0]b1,b2,b3,b4;
    reg[6:0]kilometer,money;
    reg[3:0]m1,m0,k1,k0;
    reg[6:0]b1,b2,b3,b4;
    reg[6:0]money_reg,kilometer_reg;

    always@(posedge a )      //公里数的累计
    begin
      if(stop)
       begin
         kilometer<=0;
        end
        else if(start)
        begin
          kilometer<=0;
       end
        else
        begin
        if(~suspend)
        kilometer<=kilometer+1;
      else
        kilometer<=kilometer;
     end
   end

   always@( kilometer) //钱数的处理
    begin
      if(kilometer>9)
      begin
        money=money+3;
      end
     else  if (kilometer>3)
```

```verilog
      begin
         money=money+2;
      end
    else money=7;
  m1=money/10;
  m0=money%10;
  k1=kilometer/10;
  k0=kilometer%10;
end

always@(m1)  //驱动七段数码管
 begin
 case(m1)
  4'b0000:begin    b1<=7'b1000000;end
  4'b0000:begin    b1<=7'b1000000;end
  4'b0000:begin    b1<=7'b1000000;end
  4'b0000:begin    b1<=7'b1000000;end
  4'b0000:begin    b1<=7'b1000000;end
  4'b0000:begin    b1<=7'b1000000;end
  4'b0000:begin    b1<=7'b1000000;end
  4'b0000:begin    b1<=7'b1000000;end
  4'b0000:begin    b1<=7'b1000000;end
  4'b0000:begin    b1<=7'b1000000;end
 endcase
end

 always@(m0)
 begin
   case(m0)
   4'b0000:begin    b2<=7'b1000000;end
   4'b0000:begin    b2<=7'b1000000;end
   4'b0000:begin    b2<=7'b1000000;end
   4'b0000:begin    b2<=7'b1000000;end
   4'b0000:begin    b2<=7'b1000000;end
   4'b0000:begin    b2<=7'b1000000;end
   4'b0000:begin    b2<=7'b1000000;end
   4'b0000:begin    b2<=7'b1000000;end
   4'b0000:begin    b2<=7'b1000000;end
   4'b0000:begin    b2<=7'b1000000;end
```

```
        endcase
      end

    always@(k1)
      begin
        case(k1)
        4'b0000:begin    b3<=7'b1000000;end
        4'b0000:begin    b3<=7'b1000000;end
        4'b0000:begin    b3<=7'b1000000;end
        4'b0000:begin    b3<=7'b1000000;end
        4'b0000:begin    b3<=7'b1000000;end
        4'b0000:begin    b3<=7'b1000000;end
        4'b0000:begin    b3<=7'b1000000;end
        4'b0000:begin    b3<=7'b1000000;end
        4'b0000:begin    b3<=7'b1000000;end
    endcase
      end
    always@(k0)
    begin
      case(k0)
      4'b0000:begin    b4<=7'b1000000;end
      4'b0000:begin    b4<=7'b1000000;end
      4'b0000:begin    b4<=7'b1000000;end
      4'b0000:begin    b4<=7'b1000000;end
      4'b0000:begin    b4<=7'b1000000;end
      4'b0000:begin    b4<=7'b1000000;end
      4'b0000:begin    b4<=7'b1000000;end
      4'b0000:begin    b4<=7'b1000000;end
      4'b0000:begin    b4<=7'b1000000;end
      4'b0000:begin    b4<=7'b1000000;end
      endcase
      end
    endmodule
```

  本设计共分三个部分:第一段 always 结构中计算所运行的里程数,按照之前假设的条件,以输入信号 a 的上升沿作为 1 km 的计时,然后按照控制信号暂停、开始、停止等信号的不同变化来改变里程数的计数情况。设计中使用开始和停止信号的功能是为了截取旅客行驶过程中的有效距离,而暂停信号是为了预留,可以加入堵车时的计价功能。第二段 always 结构按照里程数来统计价格，并完成了价格和里程数的个位和十位划分，产生输出信号。此段采用的是组合逻辑电路，敏感列表是第一段 always 中的里程数，所以要使用阻塞赋值语句，否则得到的结果就是错误的。第三段是剩下的 4 个 case 语句，产生了价格和千米数的显示驱动。

2. 测试代码

```
module check;
    reg A,Stop,Suspend,Start;
    wire [6:0]Kilometer,Money;
    wire [3:0]M1,M0,K1,K0;
    wire [6:0]B1,B2,B3,B4;
  initial
    begin
    A=1;Stop=0;Start=1;Suspend=0;
#20 A=0;Stop=0;Start=1;Suspend=0;
#20 A=1;Stop=0;Start=1;Suspend=0;
#20 A=0;Stop=0;Start=1;Suspend=0;
#20 A=1;Stop=0;Start=1;Suspend=0;
#20 A=0;Stop=0;Start=1;Suspend=0;
#20 A=1;Stop=0;Start=1;Suspend=0;
#20 A=0;Stop=0;Start=1;Suspend=0;
#20 A=1;Stop=0;Start=1;Suspend=0;
#20 A=1;Stop=0;Start=1;Suspend=0;
#20 A=0;Stop=0;Start=1;Suspend=0;
#20 A=1;Stop=0;Start=1;Suspend=0;
#20 A=0;Stop=0;Start=1;Suspend=0;
#20 A=1;Stop=0;Start=1;Suspend=0;
#20 A=0;Stop=0;Start=1;Suspend=0;
#20 A=1;Stop=0;Start=1;Suspend=0;
#20 A=0;Stop=0;Start=1;Suspend=0;
#20 A=1;Stop=0;Start=1;Suspend=0;
#20 A=1;Stop=0;Start=1;Suspend=0;
#20 A=0;Stop=0;Start=1;Suspend=0;
#20 A=1;Stop=0;Start=1;Suspend=0;
#20 A=0;Stop=0;Start=1;Suspend=0;
    #50 $stop;
    end
driver
dr(Kilometer,Money,A,Stop,Start,Suspend,M1,M0,K1,K0,B1,B2,B3,B4);
endmodule
```

在 Modelsim 仿真平台上进行功能仿真波形如图 8.1 所示。从图中可以看到，最初的 star 信号开始，里程数的初始数值为 0。在暂停信号 suspend 为高电平的区间里程不计数。计数时不考虑 a 的变化快慢情况，只观察上升沿，这可以从 a 的高电平宽度的变化来看出。在停止信号为高电平时停止计数并得出最后的车费。图 8.2 为出租出计费系统的 dataflow 图，可以看出数据的流向，跟踪事件。

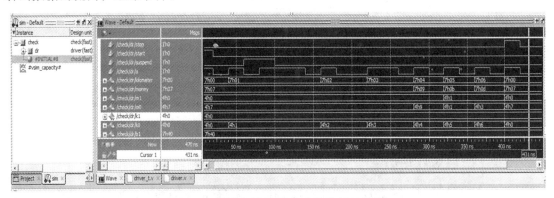

图 8.1　出租车计费系统功能仿真波形图

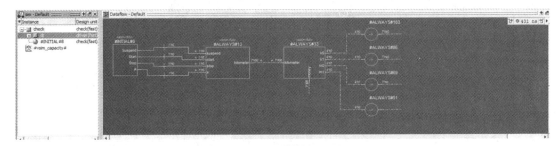

图 8.2　出租车计费系统 dataflow 图

将此设计放入 QuartusII 软件中进行综合，可得出如图 8.3 所示的 RTL 结构图。综合结果分析如图 8.4 所示，从图中可看出本设计使用 CycloneIII 系列 EP3C5F256C6 器件，共 214 个逻辑单元，7 个寄存器，使用了 62 个引脚。

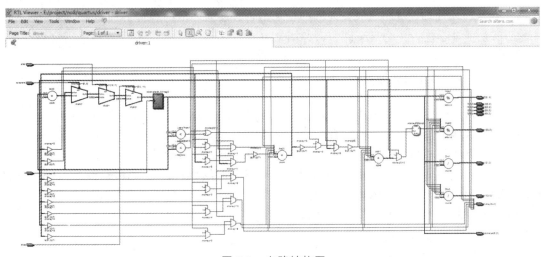

图 8.3　电路结构图

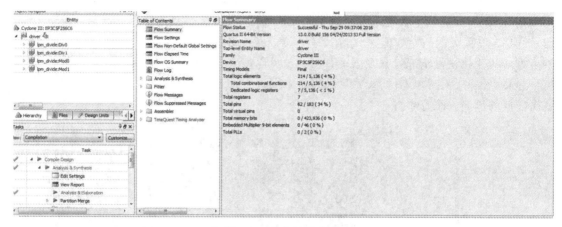

图 8.4　综合结果分析

8.1.5　项目设计扩展

本项目完成的只是一个最简单的计费器系统，为了使电路的功能更加接近实际效果。可以在以下几处进行扩展：

（1）本设计中 a 信号的一个上升沿表示 1 km，这与实际测量有一些误差，且误差较大，可以使用 100 次 a 信号表示 1 km 来减小误差，采用分频器实现该设计。

（2）里程数显示和车费显示可以使用小数部分，这样会得到更精确的结果。

8.2　项目二　智力抢答器

8.2.1　项目设计目的

本项目的设计旨在提升学生的动手能力，加强对专业理论知识的理解和实际运用，使大家能够利用 Verilog HDL 硬件描述语言设计复杂的数字逻辑系统和熟练使用 Modelsim 和 QuartusII 两种软件。通过团队成员之间的密切配合，加强团员的合作协调能力。通过本次设计的历练加强自学能力，为后续课程做好铺垫。

8.2.2　项目设计要求

本项目要求的电路功能描述如下：

（1）实现四个抢答器，有人抢答成功后，其他人再抢答无效。

（2）抢答成功后在数码管上显示抢答者的序号，提示抢答成功。

（3）抢答成功后开始 30 s 的答题倒计时，当倒计时结束时，通过蜂鸣器响 1 s 来提示回答问题时间到，此时可以开始新一轮的抢答。

（4）倒计时前 20 s 无显示，进入 10 s 倒计时开始显示所剩时间。

（5）主持人可通过按键清除所有信息。

8.2.3 项目设计思想和过程

本项目设计的题目中大体可以分为两个功能部分：抢答部分和倒计时部分。倒计时部分容易完成，就是一个 30 s 的倒计时秒表，通过开发板中提供的晶振分频可得到 1 s 的输入时钟，以此时钟计时即可完成 1 s 的计时功能。

抢答部分的重点是在一人抢答成功后如何封闭掉其他人的抢答信号，这里采用阻塞信号的方式，即设置一个寄存器，当某个人抢答成功之后就把该寄存器置为 1，而在判断条件中加入该寄存器值的判断，若为 0 才可以抢答，这样就完成了对其他信号的封闭。这种封闭信号的产生实际是通过反馈回路的方式由输出接回到输入端，所以使用组合逻辑是无法实现的，只能采用时序逻辑的寄存器完成值的存储。

如果要使用时序逻辑判断抢答信号，分频得到的 1 s 时钟就显得太长了，需要使用时钟周期更短的时钟作为同步信号，这样才能保证在几十毫秒的时间差里区分出两个信号的先后顺序，否则就会造成一个时钟周期得到两个有效信号的情况，或者会造成周期过长而导致抢答信号未采集到的情况。可以直接使用开发板中自带的晶振作为时钟源，为达到所需要求，需要再增加一个分频模块，这样整个设计的基本结构完成。

按照上述的设计思路，完成设计模块代码如下，本设计中采用了层次化设计的方法，没有把所有代码放在一个模块内，而是分了三个功能模块，这样结构性更强。

具体代码如下：

```
//顶层模块
    module
    top(reset,clock,din1,din2,din3,din4,clear,beep,number,cnt);
    input reset,clock;
    input  din1,din2,din3,din4,clear;
    output beep;
    output[7:0] number,cnt;
    wire clklk;
    wire clklhz;
    wire start;
    clkdiv  iunit1(reset,clock,clklhz);
    qiangda
iunit2(clock,din1,din2,din3,din4,clear,number,start);
    daojishi
iunit3(reset,clock,start,beep,cnt);//????clock??????
    endmodule
```

```
//分频模块
    module  clkdiv(reset,clock,clklhz);
      input reset,clock;
```

```verilog
        output clklhz;
        reg clklhz;
        reg[24:0]  count1;
        always@(posedge clock or posedge reset)
        begin
        if(reset)
          begin
            clklhz<=0;
          count1<=0;
        end
         else if(count1==25'h250)
            begin
            clklhz<=~clklhz;
            count1<=0;
            end
          else
            count1<=count1+1;
      end
      endmodule
```

```verilog
//抢答模块
module  qiangda(clock,din1,din2,din3,din4,clear,number,start);
        input clock,clear;
        input din1,din2,din3,din4;
        output[7:0]  number;
        output start;
        reg[7:0]  number;
        reg start;
        reg block;
always@(posedge clock)
  begin
    if(!clear)
        begin
        block=0;
          number=8'hff;
          start=0;
         end
    else
      begin
```

```verilog
        if(~din1)
          begin
            if(~block)
              begin
            number<=8'hf9;
            block=1;
            start=1;
          end
          end
        else if(~din2)
          begin
            if(~block)
              begin
                number<=8'ha4;
                block=1;
                start=1;
              end
            end
            else if(~din3)
              begin
                if(~block)
                  begin
                    number<=8'hb0;
                    block=1;
                    start=1;
                  end
                end
                else if(~din4)
                  begin
                    if(!block)
                      begin
                        number<=8'h99;
                        block=1;
                        start=1;
                      end
                    end
                  end
            end
    end
endmodule
```

```verilog
//倒计时模块
module daojishi(reset,clklhz,start,beep,cnt);
        input reset,clklhz;
        input start;
        output beep;
        output [7:0] cnt;
        reg [5:0] data;
        reg [4:0] count;
        reg [7:0] cnt;
        reg beep;
        //reg state;
always@(posedge clklhz or posedge reset or posedge start) //30s???
    begin
        if(reset)
        count<=5'd30;
        else if(start)
        begin
          if(count==5'd0)
          count<=5'd30;
          else
          count<=count-1;
        end
        else
          count<=count;
    end
    always@(count)
    if(count==5'd0)
     beep=1;
     else
     beep=0;
    always@(count)
      if(count>=5'd10)
        data=8'hff;
        else if(count>=0 && count<=9)
          data=count;
        else
          data=8'hff;
always@(data)
```

194

```
    begin
    case(data)
6'b000000:  cnt=8'b1100_0000;
6'b000001:  cnt=8'b1111_1001;
6'b000010:  cnt=8'b1010_0100;
6'b000011:  cnt=8'b1011_0000;
6'b000100:  cnt=8'b1001_1001;
6'b000101:  cnt=8'b1001_0010;
6'b000110:  cnt=8'b1000_0010;
6'b000111:  cnt=8'b1111_1000;
6'b001000:  cnt=8'b1000_0000;
6'b001001:  cnt=8'b1001_0000;
 default:  cnt=8'b1111_1111;
 endcase
end
  endmodule
```

在整个设计中，抢答模块的主体是一个 if...else 语句，完成抢答信号的产生、封闭信号的生成和倒计时模块使能信号的输出。倒计时模块中不仅包含 30 s 倒计时部分，还包括蜂鸣信号的产生和倒数 10 s 的判别，另外七段数码管的译码显示也放在了该模块中，因为这些功能都是围绕着计数器而设计的，所以放在一个模块内是可以接受的，如果分得更细一些也可以单独做成模块。

测试模块代码如下：

```
module tbdq;
      reg reset,clock;
      reg din1,din2,din3,din4,clear;
      wire beep;
      wire [7:0] number,cnt;
      initial
        begin
    reset=0;
    clock=0;
    clear=1;
    #10 reset=1;clear=0;
    #10 reset=0;clear=1;
    #20 din1=1;din2=0;din3=1;din4=1;
    @(posedge beep);
    #20 clear=0;
    #20 $stop;
```

```
            end
            always   #5   clock=~clock;
                allldesign
iu(reset,clock,din1,din2,din3,din4,clear,number,cnt);
endmodule
```

测试模块中完成了一次抢答，二号参赛者抢答成功，生成的波形如图 8.5 所示。图中保留了计数器部分的计数寄存器 count，该信号不在顶层模块，但是为了观察方便添加进波形中。由图中可知，在 2 号参赛者信号有效后，start 信号变为高电平，计数器开始倒计时，在计数到 10 之前数码管的显示输出都是 ff，即全灭状态，直至计数到 9 开始，才依次改变至 0，此时蜂鸣信号 beep 变为高电平，同时计数输出全灭。最后 clear 信号变为低电平，整个计数器回到初始阶段。

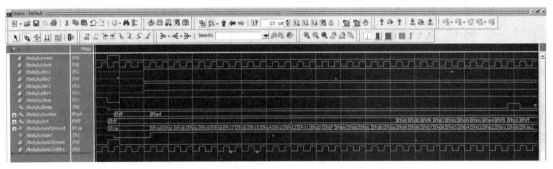

图 8.5　功能仿真波形图

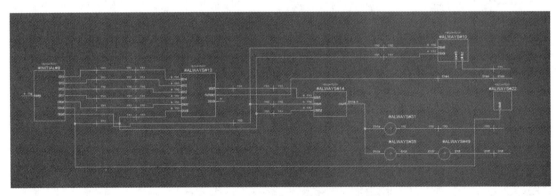

图 8.6　dataflow 图

如图 8.7 所示是整体模块结构图，可以看到各个模块之间的信号连接情况。点击可查看各个模块内部信号的情况，如图 8.8 所示是分频器的电路结构，图 8.9 所示是倒计时模块的电路结构，如图 8.10 所示是抢答器模块的电路结构，可以看到在最右侧的输出端由两个寄存器产生输出，其中下方寄存器的输出信号产生反馈接回到电路图中间多级译码器的输入端，这就是设计中的封闭信号，用于阻塞其他抢答者的选择信号，如果用组合逻辑实现就会产生混乱，读者可以一试。

196

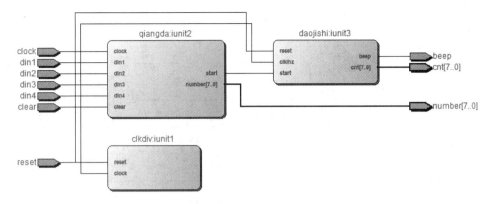

图 8.7 模块结构图

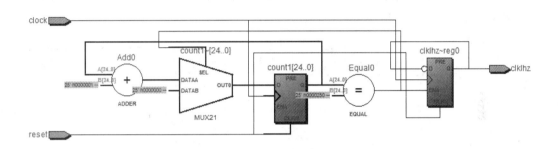

图 8.8 分频器模块

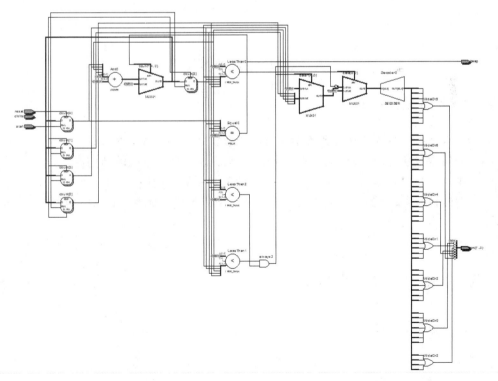

图 8.9 倒计时模块

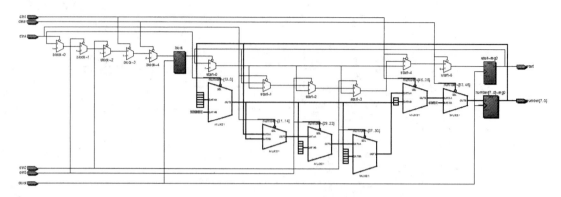

图 8.10   抢答器模块

图 8.11 所示是 QuartusII 软件综合后的结果分析，从图中可以看出本项目综合使用的器件为 EP3C5F256C6，使用 38 个逻辑单元。

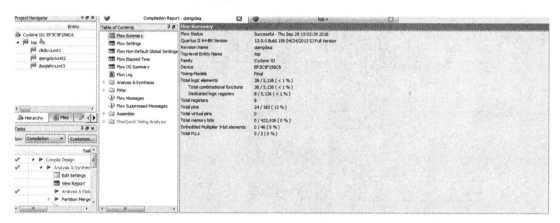

图 8.11   综合结果

8.2.4   项目设计扩展

本项目设计的计数器功能比较齐全，可在现有设计中尝试如下修改：

（1）将抢答模块的 if...else 语句换为 case 语句，观察最后电路的结构。

（2）增加一位显示输出，从倒计时 30 s 开始时显示剩余时间。

（3）倒计时结束时，现有设计是数码管全灭，可以做成某些特殊符号，如闪烁的 0 值等，作为倒计时结束的显示，这样更具动态效果。

8.3   项目三   点阵型显示

8.3.1   项目设计目的

熟悉 Verilog HDL 硬件描述语言，掌握仿真软件的使用方法，熟悉并使用点阵进行电路设计，掌握查表法设计电路的基本思想。

8.3.2 项目设计要求

本项目设计使用 8×8 的点阵，完成如下设计功能：

（1）能显示英文字母。

（2）在正常显示字母的基础上，完成滚动显示，滚动速度自定。

8.3.3 项目设计思想和过程

点阵即一系列发光二极管所构成的矩形阵列，其大小不一，本设计中使用的是比较简单的 8×8 的点阵。对于点阵的控制其实很简单，因为就是控制发光二极管的亮灭，从而使点亮的二极管能够显示出某些特定的字符，如把中间一行二极管点亮就显示为"一"，等等。控制二极管的亮灭就是控制二极管的正负极，使其阳极接高电平，阴极接低电平，二极管就能发光。8×8 点阵的 64 个发光二极管也是通过这种简单的方式进行亮灭显示的。8×8 点阵共有 8 行 8 列，每行每列都有一组输入信号，都是 8 位的控制信号，按照点阵设计的共阴极和共阳极等特点使其行列交叉点亮起即可。对于特定字符的显示，可以自己进行设计，也可以利用一些显示工具直接给出。

如果单纯显示英文字母，本设计是很容易的，但是要滚动显示字母就需要额外添加一些设计，因为整个字母滚动过程中的滚动情况都是设计者指定的，可以采用计数并取模的方式完成显示信息的向左滚动。按此设计思想完成设计模块代码如下：

```
module  dianzhen(line,column,clk,reset);
    input  clk,reset;
    output  [7:0]  line,column;
    reg[7:0]  line,column;
    reg[7:0]  i,j,k;        //定义计算机用于显示具体一个点的参数
    task dis;              //定义任务，用于显示
    reg[7:0] column_tmp; //行显示中间变量
    reg[7:0] line_tmp;  //列显示中间变量

    begin
    case(i)              //每一个 i 值进来以后，判断需要显示一点的横坐标
    0:column_tmp=8'h01;//
    1:column_tmp=8'h02;//
    2:column_tmp=8'h04;//
    3:column_tmp=8'h08;//
    4:column_tmp=8'h00;//
    5:column_tmp=8'h00;//
    6:column_tmp=8'h00;//
    7:column_tmp=8'h00;//
```

```verilog
8:column_tmp=8'h00;//
default: column_tmp=8'h00;
endcase

k=(i+j)%80;   //k使字符能够向左移动，每移动一步，产生滚动效果
case(k)       //每一个 k 值进来以后，判断需要显示一行上面的纵坐的标上数据
0:line_tmp=8'h00; //   V
1:line_tmp=8'h40; //
2:line_tmp=8'h78; //
3:line_tmp=8'h04; //
4:line_tmp=8'h02; //
5:line_tmp=8'h04; //
6:line_tmp=8'h78; //
7:line_tmp=8'h40; //
8:line_tmp=8'h00; //   e
9:line_tmp=8'h3C; //
10:line_tmp=8'h52; //
11:line_tmp=8'h92; //
12:line_tmp=8'h92; //
13:line_tmp=8'h52; //
14:line_tmp=8'h34; //
15:line_tmp=8'h00; //
16:line_tmp=8'h00; //   r
17:line_tmp=8'h00; //
18:line_tmp=8'h80; //
19:line_tmp=8'hFE; //
20:line_tmp=8'h10; //
21:line_tmp=8'h20; //
22:line_tmp=8'h40; //
23:line_tmp=8'h40; //
24:line_tmp=8'h00; //   i
25:line_tmp=8'h00; //
26:line_tmp=8'h00; //
27:line_tmp=8'h20; //
28:line_tmp=8'hBF; //
29:line_tmp=8'h02; //
30:line_tmp=8'h00; //
31:line_tmp=8'h00; //
```

```
32:line_tmp=8'h00; //    l
33:line_tmp=8'h00; //
34:line_tmp=8'h00; //
35:line_tmp=8'h7E; //
36:line_tmp=8'h02; //
37:line_tmp=8'h02; //
38:line_tmp=8'h00; //
39:line_tmp=8'h00; //
40:line_tmp=8'h00; //    o
41:line_tmp=8'h3C; //
42:line_tmp=8'h42; //
43:line_tmp=8'h42; //
44:line_tmp=8'h42; //
45:line_tmp=8'h3C; //
46:line_tmp=8'h00; //
47:line_tmp=8'h00; //
48:line_tmp=8'h00; //    g
49:line_tmp=8'h00; //
50:line_tmp=8'h64; //
51:line_tmp=8'h92; //
52:line_tmp=8'h92; //
53:line_tmp=8'h6C; //
54:line_tmp=8'h00; //
55:line_tmp=8'h00; //
56:line_tmp=8'h00; //    H
57:line_tmp=8'hFE; //
58:line_tmp=8'h10; //
59:line_tmp=8'h10; //
60:line_tmp=8'h10; //
61:line_tmp=8'h10; //
62:line_tmp=8'hFE; //
63:line_tmp=8'h00; //
64:line_tmp=8'h00; //    D
65:line_tmp=8'h7E; //
66:line_tmp=8'h42; //
67: line_tmp=8'h42; //
68:line_tmp=8'h42; //
69:line_tmp=8'h3C; //
```

```
        70:line_tmp=8'h00; //
        71:line_tmp=8'h00; //
        72:line_tmp=8'h00; //   L
        73:line_tmp=8'h00; //
        74:line_tmp=8'h7E; //
        75:line_tmp=8'h02; //
        76:line_tmp=8'h02; //
        77:line_tmp=8'h02; //
        78:line_tmp=8'h02; //
        79:line_tmp=8'h00; //
        default:line_tmp=8'h00;
        endcase
        column =column_tmp;  //行输出赋值
        line =line_tmp;       //列输出赋值
    end
    endtask
 always @(posedge clk)
    if(reset)
    begin
      i=0;
      j=0;
    end
    else
    begin
      i=i+1;                  //每个clk信号来了以后自加1
      if(i==9)
      begin
      i=0;                    //8行都显示完毕后归零
      j=j+1;                  //同时纵向所有数据向左移动一位
      end //
      if(j===81)
      j=0;                    //都完成移动后计数器j归零
      dis;      //调用显示任务,clk连续不断,保持视觉暂留,形成滚动的S字样
    end
    endmodule
```

　　此代码中间部分较长，是每个字母的显示情况。如果要显示更多的字母，就需要更多的显示驱动，在这些驱动信号的作用下点阵就能显示出所要表示的字母。其余部分在代码中给了注释，可编写测试模块验证整体功能。

```
module tb8x8;
    reg clk,reset;
    wire [7:0]  line,column;
    initial
    begin
     clk=0;
    reset=0;
    #10    reset=1;
    #10    reset=0;
    #1000  $stop;
end
    always  #5    clk=~clk;
    dianzhen8x8  i8x8(line,column,clk,reset);
    endmodule
```

　　测试模块的仿真结果如图 8.12 所示，功能仿真就是在每次时钟信号的上升沿时产生一组输出的行列信号，需要在实际电路中才能得到最后的直观结果。其 dataflow 图如图 8.13 所示。该设计代码放入 QuartusII 中运行可得如图 8.14 所示的电路结构图，由于电路图较大，只截取了其中一部分。图 8.15 为综合后的结果。

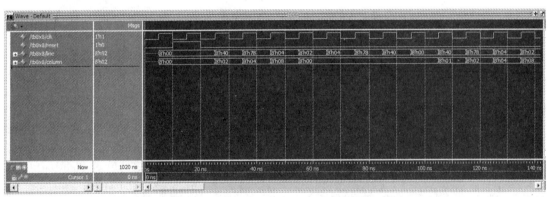

图 8.12　点阵显示功能仿真波形图

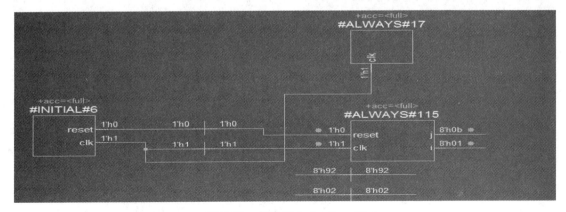

图 8.13　点阵显示 dataflow 图

203

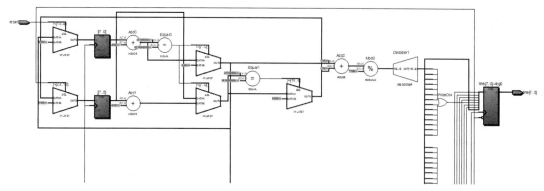

图 8.14　点阵显示电路结构图

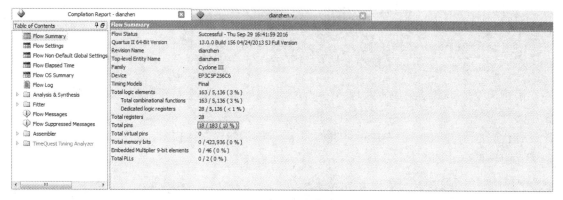

图 8.15　点阵显示综合结果图

8.3.4　项目设计扩展

本项目设计可在如下方面进行扩展：

（1）8×8 的点阵虽然可以显示字母，但是在一些字母边缘会显示马赛克，实际点阵都具有这个弊端。但是点阵的规模越大、越密集，这种马赛克的效果就会越不明显，所以在有条件的情况下可以使用 16×16 的点阵进行显示设计，这样需要的驱动信息就更多。

（2）在显示英文字母之后，可以进行汉字显示的尝试，但是 8×8 点阵较小，显示的汉字不能太复杂，也可以扩展为 16×16 的点阵来设计。

8.4　项目四　自动售货机

8.4.1　项目设计目的

通过本次设计，加深对 Verilog 语言的全面认识、复习和掌握，对 EP3C5F256C6 芯片的应用达到进一步的了解。将软硬件结合起来，对程序进行编辑、调试，使其能够通过电脑下载到芯片，正常工作。实际操作仿真和综合软件，复习巩固以前所学知识。

8.4.2　项目设计要求

本项目功能要求如下：

（1）能接受 1 元、5 元、10 元三种面额钱币。

（2）出售的货品有 1 元、10 元、20 元共 3 种货品。

（3）购买物品余额不足时有警告提示，买完货品后能够找零。

（4）能够显示投币金额和商品总价。

8.4.3　项目设计思想和过程

整个售货机的功能大致可以分为四个部分：投币统计部分、货品价格核算、找零和显示。投币统计部分采用开关模拟的方式，使用开关拨动来表示投币成功，因为共有 3 种面额，所以设置 3 个输入端口，这样每个端口有货币输入时就会产生电平信号，投币统计部分就能根据信号判断有何种币值组合。货品价格核算是根据按键来选择货品，核算出货品的实际价格。找零部分要根据投币的金额和货品的价格来核算出应该找零的数值，如果投币金额不足还应该能够提供报警功能。显示部分要提供投币数目的价格的显示，直接将程序中寄存器的值输出即可完成。

按照上述的思想，完成设计模块代码如下：

```
module
autoseller(clk,rst,finish,mon,sell,led,clarm,money,dis_price);
  input clk,rst,finish;
  input [2:0] mon;
  input [2:0] sell;
  output [3:0] led;
  output clarm;
  output [15:0] money;
  output [15:0] dis_price;
  reg clk_2hz;
  reg [3:0] led;
  reg clarm;
  reg [15:0] money;
  reg [15:0] dis_price;
  reg [31:0] cnt;
  reg [9:0] price,price_sum;
  reg [1:0] flag=2'b00;

  always@(posedge clk)
  begin
    if(cnt==24'd12500000)
      begin
        clk_2hz=~clk_2hz;
        cnt<=0;
```

```verilog
            end
    else
      cnt<=cnt+1;
    end

    always@(negedge rst or posedge clk)
    begin
      if(!rst)
        begin
          led=4'b0000;
          price_sum=0;
          clarm=0;
          price=0;
        end
      else
        begin
        case(sell)
            3'b001:begin price=5;end
            3'b010:begin price=10;end
            3'b011:begin price=15;end
            3'b100:begin price=15;end
            3'b101:begin price=20;end
            3'b110:begin price=25;end
            3'b111:begin price=30;end
            default:begin price=0;end
        endcase
          case(mon)
            3'b001:begin price_sum=5;end
            3'b010:begin price_sum=10;end
            3'b011:begin price_sum=50;end
            3'b100:begin price_sum=15;end
            3'b101:begin price_sum=55;end
            3'b110:begin price_sum=60;end
            3'b111:begin price_sum=65;end
            default:begin price_sum=0;end
          endcase

        if(finish==1)
        begin
```

```verilog
        if(price_sum<price)
          begin
            price_sum=0;
            clarm=1;
            price=0;
          end
        else
          begin
            price_sum<=price_sum-price;
            case(price)
              5:begin  led=4'b0001;end
              10:begin  led=4'b0010;end
              15:begin  led=4'b0100;end
              default:begin led=4'b1000;end
            endcase
          end
      end
  end
always@(posedge clk_2hz)
begin
  case(flag)
    2'b00:
    begin
      money[15:8]<={led7(price_sum%10),1'b1};
      dis_price[15:8]<={led7(price%10),1'b1};
      flag=2'b01;
    end
    2'b01:
    begin
      money[7:0]<={led7(price_sum/10),1'b0};
      dis_price[7:0]<={led7(price/10),1'b0};
      flag=2'b01;
    end
    default:flag=2'b00;
  endcase
end
function[6:0] led7;
input [3:0] datain;
```

```
            begin
            case(datain)
            0:led7=7'b1000000;
            1:led7=7'b1111001;
            2:led7=7'b0100100;
            3:led7=7'b0110000;
            4:led7=7'b0011001;
            5:led7=7'b0010010;
            6:led7=7'b0000010;
            7:led7=7'b1111000;
            8:led7=7'b0000000;
            9:led7=7'b0010000;
            default:led7=7'b0111111;
          endcase
        end
      endfunction
  endmodule
```

　　本设计只提供了 3 位数的输入信号，分别表示 1 元、5 元、10 元；此设计没有设置中间寄存器和累加器，所以只能一次性的输入。货品价格只提供了 3 位数的输入信号，选中货品时，对应的位会变为高电平。金额部分根据投币和商品价格做相应的减法运算。数码管显示部分将输出的投币金额和货品金额同时显示出来。测试程序代码如下：

```
module tbseller;
  reg clk,rst,finish;
  reg[2:0] mon;
  reg [2:0] sell;
  wire [3:0] led;
  wire clarm;
  wire[15:0] money;
  wire [15:0] dis_price;
  initial
  begin
    clk=0;
    rst=1;
    #10 rst=0;
    #10 rst=1;
    #10 mon=3'd3;sell=3'd3;
    #30 finish=1;
    #10 finish=0;
```

```
    mon=3'd4;
    sell=3'd2;
    #30 finish=1;
    #10 finish=0;
    mon=3'd3;
    sell=3'd5;
    #30 finish=1;
    #10 finish=0;
    #20 $stop;
  end
  always #5 clk=~clk;
  autoseller
iseller(clk,rst,finish,mon,sell,led,clarm,money,dis_price);
endmodule
```

使用 ModelsimSE 仿真软件,仿真测试结果及 dataflow 图如图 8.16 和图 8.17 所示。电路结构图和综合后的结果如图 8.18 和图 8.19 所示。

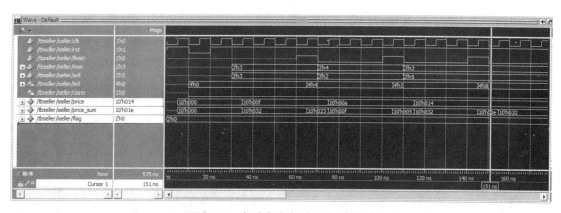

图 8.16　自动售货机功能仿真结果

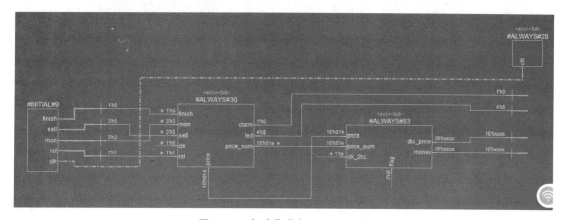

图 8.17　自动售货机 dataflow 图

209

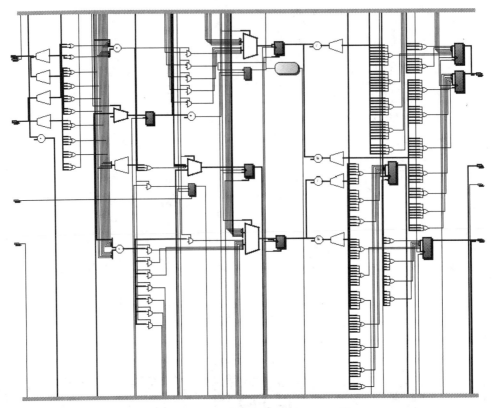

图 8.18　自动售货机电路结构图

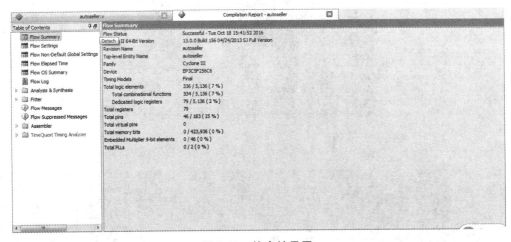

图 8.19　综合结果图

8.4.4　项目设计扩展

本设计完成的售货机功能较简单，可在以下方面完成功能扩展使之更接近实际效果。

（1）投币部分可加入累加代码，支持多次投币，如连续投入三次 1 元，可以使用一个简单的组合逻辑来完成，并保存一个投币金额值的寄存器，根据不同的金额信号位给该寄存器加上不同的数值，这样更符合实际功能。

（2）本设计采用一个模块来完成，代码略显杂乱，可以通过拆分和简单修改将该模块修改为多个模块的层次化设计，这样便于维护和阅读。

（3）更加接近实际售货机的效果是在每种商品下方设置一个按键，当金额足够时按下按键便可以输出商品，如果金额不足则按键无效。如果改成这种功能，设计模块需要全部重写。

8.5 项目五 数字闹钟

8.5.1 项目设计目的

通过这个项目更好地掌握 Verilog HDL 硬件描述语言，将理论知识转化为实际设计中的应用，同时使学生在今后的实践和工作中具备最基本的专业知识和素质。

8.5.2 项目设计要求

本项目要求的功能如下：
（1）具有基本计时功能。
（2）具有闹钟功能，闹钟时间可调，闹铃到一定时间可停，中途可以通过按键停止。

8.5.3 项目设计思想和过程

该项目的时钟有表示时间、设置闹铃的功能。其设计重点在两个部分：计时和闹钟。最主要的是第一个部分，即计时部分，其复杂之处在于要完成秒、分、小时的进位转换。其中秒和分的显示是 60 进制，这个部分在书中正文部分有成型的代码可供参考。而小时部分需要设计者进行一番思考，因为小时部分要完成 00～23 的循环，这样就存在三次十位的变化：从 09 变为 10，从 19 变为 20，从 23 变为 00，这就不像 60 进制中只需要考虑末尾为 9 和高位为 5 两种情况。解决了 00～23 的计数循环也就解决了时钟部分的难点。

时钟部分还需要完成秒分时的进位功能，此时进位功能可以使用一个 if 的嵌套语句在完成循环的同时完成进位，也可以分割成为三部分，分别控制秒、分、时的进位，然后在三个部分之间使用进位信号来连接。

闹钟部分相对较容易，只需要设计一个寄存器，把设置好的数据存放在寄存器中，仅保留小时和分，当时钟的时间与寄存器中存放的闹钟时间一致时就输出响铃信号即可。

本设计采用自顶向下的思想，共分为两个模块：时钟分频模块和数字时钟模块。

按照上述设计思想，设计模块代码如下：

```
//顶层模块
module
clock_top(second,minute,hour,clk,m,h,a,b,c,c1,c2,c3,c4,c5,c6,
reset);
  input b,c,clk,reset;
```

```
    input[7:0] m,h;
    output[6:0]c1,c2,c3,c4,c5,c6;
    output a;
    output[7:0] second,minute,hour;
    wire[7:0] m,h;
    wire b,c,clk,reset;

    fenpin fenpin1(reset,clk_1s,clk);
    clock
clock1(second,minute,hour,clk_1s,m,h,a,b,c,c1,c2,c3,c4,c5,c6,
reset);
    endmodule
```

```
module fenpin(reset,clk_out,clk);
  input clk,reset;
  output clk_out;
  reg clk_out;
  reg[24:0] count;

  always@(posedge clk)
  begin
    if(reset)
      count<=0;
    else if(count==25'b1100100000000000000000000)
      begin
        count<=0;
        clk_out<=~clk_out;
      end
    else
      count<=count+1;
    end
  /*
    always@(clk)
    clk_out=clk;    //测试时使用
  */
  endmodule
```

```verilog
module clock(second,minute,hour,clk,m,h,a,b,c,c1,c2,c3,c4,c5,c6,reset);
  input b,c,clk,reset;
  input[7:0] m,h;
  output[7:0]second,minute,hour;
  output[6:0] c1,c2,c3,c4,c5,c6;
  output a;
  reg[7:0] second,minute,hour;
  reg[6:0] c1,c2,c3,c4,c5,c6;
  reg[7:0] m_reg,h_reg;
  reg a;

  //闹钟时间设置
  always@(m or h)
   begin
     m_reg=m;
     h_reg=h;
   end

   //时钟计数部分，完成秒，分，时的计数
   always@(posedge clk)
   if(reset)
    begin
      second<=0;
      minute<=0;
      hour<=0;
    end
   else
    begin
      if(second[7:4]==5)
        begin
          if(second[3:0]==9)
            begin
              second<=0;
              if(minute[7:4]==5)
                begin
```

```verilog
if(minute[3:0]==9)
  begin
    minute<=0;
    if(hour[3:0]==3)
      begin
        if(hour[7:4]==2)
          hour<=0;
        else
          hour[3:0]<=hour[3:0]+4'b0001;
        end
      else if(hour[3:0]==9)
        begin
          hour[3:0]<=0;
          hour[7:4]<=hour[7:4]+4'b0001;
        end
      else
        hour[3:0]<=hour[3:0]+4'b0001;
      end
    else
    minute[3:0]<=minute[3:0]+4'b0001;
  end
  else if(minute[3:0]==9)
      begin
        minute[3:0]<=0;
        minute[7:4]<=minute[7:4]+4'b0001;
      end
    else
      minute[3:0]<=minute[3:0]+4'b0001;
    end
  else
    second[3:0]<=second[3:0]+4'b0001;
  end
else if(second[3:0]==9)
  begin
    second[3:0]<=0;
    second[7:4]<=second[7:4]+4'b0001;
```

```
        end
    else
        second[3:0]<=second[3:0]+4'b0001;
    end


    //判断部分，C为闹钟启动信号
always@(minute or hour or c or b)
    if(minute==m_reg&&hour==h_reg&&c==1)
        begin
            if(b==1)
                a=0;
            else
                a=1;
        end
    else
        a=0;

    //秒显示
    always@(second[3:0])
    begin
        case(second[3:0])
            4'b0000:c1=7'b1000000;
            4'b0001:c1=7'b1111001;
            4'b0010:c1=7'b0100100;
            4'b0011:c1=7'b0110000;
            4'b0100:c1=7'b0011001;
            4'b0101:c1=7'b0010010;
            4'b0110:c1=7'b0000010;
            4'b0111:c1=7'b1011000;
            4'b1000:c1=7'b0000000;
            4'b1001:c1=7'b0010000;
            default:c1=7'b1111111;
        endcase
    end

    //秒显示
```

```verilog
always@(second[7:4])
begin
case(second[7:4])
    4'b0000:c2=7'b1000000;
    4'b0001:c2=7'b1111001;
    4'b0010:c2=7'b0100100;
    4'b0011:c2=7'b0110000;
    4'b0100:c2=7'b0011001;
    4'b0101:c2=7'b0010010;
    4'b0110:c2=7'b0000010;
    4'b0111:c2=7'b1011000;
    4'b1000:c2=7'b0000000;
    4'b1001:c2=7'b0010000;
    default:c2=7'b1111111;
  endcase
end

//分显示
always@(minute[7:4])
begin
case(minute[7:4])
    4'b0000:c3=7'b1000000;
    4'b0001:c3=7'b1111001;
    4'b0010:c3=7'b0100100;
    4'b0011:c3=7'b0110000;
    4'b0100:c3=7'b0011001;
    4'b0101:c3=7'b0010010;
    4'b0110:c3=7'b0000010;
    4'b0111:c3=7'b1011000;
    4'b1000:c3=7'b0000000;
    4'b1001:c3=7'b0010000;
    default:c3=7'b1111111;
  endcase
end

always@(minute[3:0])
```

```verilog
begin
case(minute[3:0])
    4'b0000:c4=7'b1000000;
    4'b0001:c4=7'b1111001;
    4'b0010:c4=7'b0100100;
    4'b0011:c4=7'b0110000;
    4'b0100:c4=7'b0011001;
    4'b0101:c4=7'b0010010;
    4'b0110:c4=7'b0000010;
    4'b0111:c4=7'b1011000;
    4'b1000:c4=7'b0000000;
    4'b1001:c4=7'b0010000;
    default:c4=7'b1111111;
  endcase
end
//小时显示
always@(hour[3:0])
begin
case(hour[3:0])
    4'b0000:c5=7'b1000000;
    4'b0001:c5=7'b1111001;
    4'b0010:c5=7'b0100100;
    4'b0011:c5=7'b0110000;
    4'b0100:c5=7'b0011001;
    4'b0101:c5=7'b0010010;
    4'b0110:c5=7'b0000010;
    4'b0111:c5=7'b1011000;
    4'b1000:c5=7'b0000000;
    4'b1001:c5=7'b0010000;
    default:c5=7'b1111111;
  endcase
end
always@(hour[7:4])
begin
case(hour[7:4])
    4'b0000:c6=7'b1000000;
```

```
                    4'b0001:c6=7'b1111001;
                    4'b0010:c6=7'b0100100;
                    4'b0011:c6=7'b0110000;
                    4'b0100:c6=7'b0011001;
                    4'b0101:c6=7'b0010010;
                    4'b0110:c6=7'b0000010;
                    4'b0111:c6=7'b1011000;
                    4'b1000:c6=7'b0000000;
                    4'b1001:c6=7'b0010000;
                    default:c6=7'b1111111;
                endcase
            end
    endmodule
```

分频器模块完成从晶振到 1 s 时钟的转换，在实际电路中使用是很方便的。但是如果在仿真时使用，由于需要等待很长时间，编写测试代码不容易掌握信号的变化情况，同时仿真时间过长会增加仿真器的负担，所以直接使用原始时钟作为分频后的 1 s 时钟，这样可以加快仿真的速度。编写测试模块验证设计的正确性，代码如下：

```
module tbclk;
    wire[6:0] c1,c2,c3,c4,c5,c6;
    wire a;
    wire[7:0] second,minute,hour;
    reg b,c,clk,reset;
    reg[7:0] m,h;
    initial
    begin
        clk=0;
        reset=0;
        h=8'h02;
        m=8'h30;
        c=1;
        b=0;
        #10 reset=1;
        #50 reset=0;
        @(posedge a);
        #10 b=1;
        #20 b=0;
        h=8'h4;
```

```
    m=8'h0;
    @(posedge a);
    #200 $stop;
  end
  always #5 clk=~clk;
  clock_top
clktop(second,minute,hour,clk,m,h,a,b,c,c1,c2,c3,c4,c5,c6,res
et);
endmodule
```

仿真后的波形图和 dataflow 图如图 8.20、图 8.21 所示。其电路图和综合结果如图 8.22 ~
图 8.25 所示。

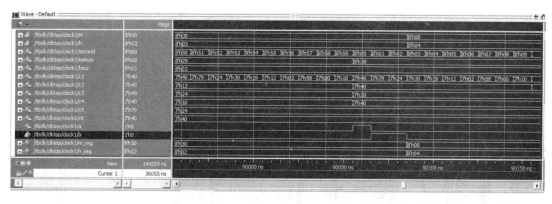

图 8.20　数字时钟波形图

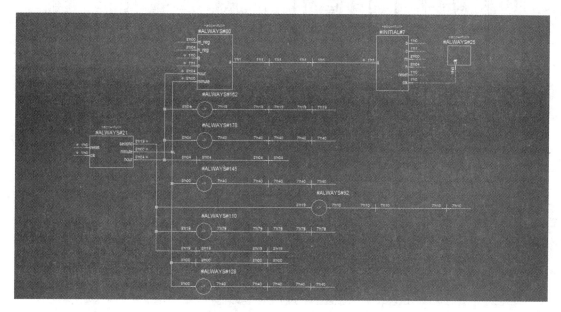

图 8.21　数字时钟 dataflow 图

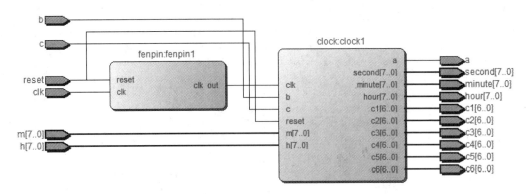

图 8.22　数字时钟电路图

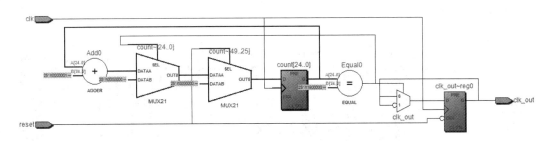

图 8.23　数字时钟分频器模块

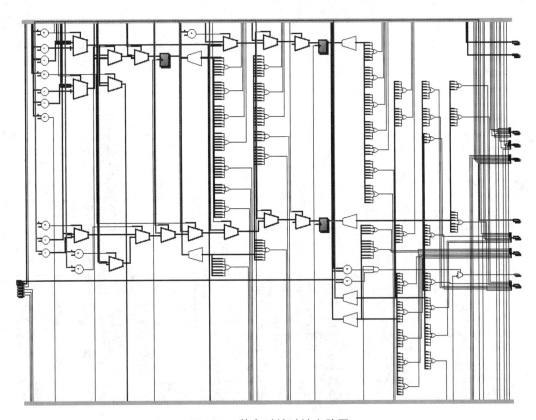

图 8.24　数字时钟时钟电路图

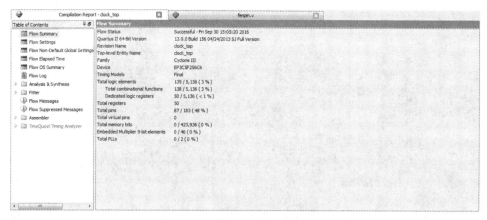

图 8.25　数字时钟综合结果图

8.5.4　项目设计扩展

本项目设计的闹钟可以从以下两方面进行功能扩展：

（1）可以增加懒人模式，即设置一个按键，当闹钟响起时按下按键，就可以停止响铃。

（2）可以把闹钟响铃时间设置为 30 s。

8.6　项目六　乒乓球游戏电路

8.6.1　项目设计目的

随着科学技术日益迅速的发展，数字系统已深入到生活的各个方面，它具有技术效果好、经济效益高、技术先进、造价低、可靠性高、维修方便等许多优点。所以我们更应当熟练掌握数字系统的设计，以便将来更好地在实践中应用。下面通过学过的 Verilog HDL 硬件描述语言，设计一款乒乓球游戏电路，通过给定的一个信号来满足灯的亮、灭与移动的速度，进而实现迷你的乒乓球游戏。

8.6.2　项目设计要求

该游戏共有两人，分别为甲方和乙方，双方轮流发球，按下键表示发球。在发球后，离发球方最近的一只 LED 点亮，被点亮的灯依次向对方移动（如甲发球，则 LED 灯从 LED01 开始向右移动），移动速度自定，当到达对方最后一位时，对方必须在 1 s 内按下按键接球，否则判为输球（如到达 LED07 时乙必须在 1 s 内按键），接球后 LED 灯向反方向移动。接球时，LED 没有亮到最后一位时就按下接球按键为犯规。输球或者犯规，对方加 1 分，率先加到 11 分者游戏胜出。

8.6.3　项目设计思想和过程

由于本设计是一个时序电路，而且有明显不同的状态区分：发球过程、球移动过程和

221

接球过程，所以可以使用状态机的方式来完成设计，这样得到的设计具有时序性，设计代码如下：

```
module pingp(clk,reset,push1,push0,led,decode1,decode2,decode3,
decode4, clk_out);
    input clk,reset;
    input push1,push0;
    output[6:0] led,decode1,decode2,decode3,decode4;
    output clk_out;
    fenpin hz(reset,clk_out,clk);
    ctl
ctl1(.clk(clk_out),.reset(reset),.push1(push1),.push0(push0),
.led(led),.decode1(decode1),.decode2(decode2),.decode3(decode
3),.decode4(decode4));
endmodule
```

```
module ctl(clk,reset,push1,push0,led,decode1,decode2,decode3,decode4);
    input clk,reset;
    input push1,push0;
    output[6:0] led,decode1,decode2,decode3,decode4;
    reg[3:0] M,N;
    reg[6:0] led,decode1,decode2,decode3,decode4;
    reg[2:0] state;

parameter s0=3'b000,s1=3'b001,s2=3'b010,s3=3'b011,s4=3'b100;
    always@(posedge clk)
    begin
      if(reset)
        begin
          led<=7'b0000000;
          M<=4'b0000;
          N<=4'b0000;
        end
      else
        begin
          case(state)
            s0:    begin
                   led<=7'b0000000;
```

```verilog
            if(push0)
              begin
                state<=s1;
                led<=7'b1000000;
              end
            else if(push1)
              begin
                state<=s3;
                led<=7'b0000001;
              end
            end
    s1:    begin
            if(push1)
              begin
                state<=s0;
                M<=M+4'b0001;
              end
            else if(led==7'b0000001)
              begin
                state<=s2;
              end
            else
              begin
                state<=s1;
                led[6:0]<=led[6:0]>>1;
              end
            end
    s2:    begin
              if(push1)
                begin
                  state<=s3;
                  led<=7'b0000010;
                end
              else
                begin
                  state<=s0;
                  M<=M+4'b0001;
```

```
                    end
                 end
    s3:      begin
             if(push1)
               begin
                 state<=s0;
                 N<=N+4'b0001;
               end
             else if(led==7'b1000000)
               begin
                 state<=s4;
               end
             else
               begin
                 state<=s3;
                 led[6:0]<=led[6:0]<<1;
               end
             end
    s4:      begin
             if(push0)
               begin
                 state<=s1;
                 led=7'b0100000;
               end
             else
               begin
                 state<=s0;
                 N<=N+4'b00001;
               end
             end
    default:    state<=s0;

endcase

  if(M==4'b1001||N==4'b1001)
           begin
             M<=4'b0000;
```

```verilog
                    N<=4'b0000;
                end


            end
        end

always@(M or N)
    begin
        case(M)
        8'b0000:    begin
                        decode2<=7'b1000000;
                        decode1<=7'b1000000;
                    end
        8'b0001:    begin
                        decode2<=7'b1000000;
                        decode1<=7'b1111001;
                    end
        8'b0010:    begin
                        decode2<=7'b1000000;
                        decode1<=7'b0100100;
                    end
        8'b0011:    begin
                        decode2<=7'b1000000;
                        decode1<=7'b0101111;
                    end
        8'b0100:    begin
                        decode2<=7'b1000000;
                        decode1<=7'b0011001;
                    end
        8'b0101:    begin
                        decode2<=7'b1000000;
                        decode1<=7'b0010010;
                    end
        8'b0110:    begin
                        decode2<=7'b1000000;
                        decode1<=7'b0000010;
```

```verilog
                    end
    8'b0111:    begin
                    decode2<=7'b1000000;
                    decode1<=7'b1111000;
                end
    8'b1000:    begin
                    decode2<=7'b1000000;
                    decode1<=7'b0000000;
                end
    8'b1001:    begin
                    decode2<=7'b1000000;
                    decode1<=7'b0010000;
                end
    8'b1010:    begin
                    decode2<=7'b1111001;
                    decode1<=7'b1000000;
                end
    8'b1011:    begin
                    decode2<=7'b1111001;
                    decode1<=7'b1111001;
                end
    default:    begin
                    decode2<=7'b1000000;
                    decode1<=7'b1000000;
                end

endcase

case(N)

    8'b0000:    begin
                    decode4<=7'b1000000;
                    decode3<=7'b1000000;
                end
    8'b0001:    begin
                    decode4<=7'b1000000;
                    decode3<=7'b1111001;
```

```verilog
                    end
        8'b0010:    begin
                        decode4<=7'b1000000;
                        decode3<=7'b0100100;
                    end
        8'b0011:    begin
                        decode4<=7'b1000000;
                        decode3<=7'b0101111;
                    end
        8'b0100:    begin
                        decode4<=7'b1000000;
                        decode3<=7'b0011001;
                    end
        8'b0101:    begin
                        decode4<=7'b1000000;
                        decode3<=7'b0010010;
                    end
        8'b0110:    begin
                        decode4<=7'b1000000;
                        decode3<=7'b0000010;
                    end
        8'b0111:    begin
                        decode4<=7'b1000000;
                        decode3<=7'b1111000;
                    end
        8'b1000:    begin
                        decode4<=7'b1000000;
                        decode3<=7'b0000000;
                    end
        8'b1001:    begin
                        decode4<=7'b1000000;
                        decode3<=7'b0010000;
                    end
        8'b1010:    begin
                        decode4<=7'b1111001;
                        decode3<=7'b1000000;
                    end
```

227

```
          8'b1011:   begin
                     decode4<=7'b1111001;
                     decode3<=7'b1111001;
                  end
          default:   begin
                     decode4<=7'b1000000;
                     decode3<=7'b1000000;
                  end
          endcase

    end
endmodule
```

可以看出在设计模块中使用了一个状态机来完成不同情况的转换，如图 8.29 所示。在初始状态下 LED 灯全灭，随着游戏者拨动开关，使 push1 和 push0 信号产生变化，进入下属的四个不同状态。例如，甲发球则进入 s1 状态，此状态的主要功能是完成 LED 灯从左向右的移动过程，并且判断在此过程中的乙方输入值，如果在 s1 状态中乙方有输入，表示球未到而乙已经拨动了开关，此时乙输而甲得分。而如果在球移动的过程中乙未动作，则在 LED 灯移动到乙处时进入 s2 状态，即乙接球状态。在 s2 状态中如果乙方有输入，则表示接球成功，进入 s3 状态；如果乙方没有输入，则表示接球失败，甲得分。接下来 s3 状态和 s1 状态相似，只是球的运行方向变为由乙向甲，球在运动过程中如果甲有输入则甲输，如果甲没有输入则等到 LED 灯移动到甲处进入 s4 状态。s4 状态与 s2 状态相似，如果甲接球成功则进入 s1 状态，完成循环，如果甲接球失败则算甲输。

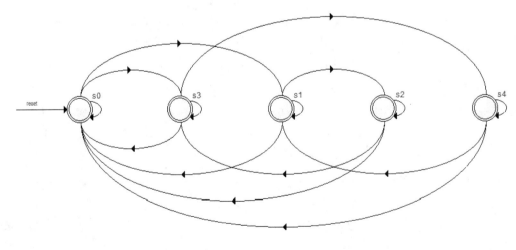

图 8.26　状态转换图

此项目的测试代码如下：

228

```
module tbpingp;
  reg clk,reset;
  reg push1,push0;
  wire[6:0] led,decode1,decode2,decode3,decode4;
  wire clk_out;
  initial
  begin
    clk=0;
    reset=0;
    #10 reset=1;
    #20 reset=0;
  end
  always #5 clk=~clk;
  initial
  begin
    push1=0;
    push0=0;
    #40 push1=1;
    #10 push1=0;
    repeat(7) @(posedge clk);
    push0=1;
    #20 push0=0;
    repeat(3)@(posedge clk);
    push1=1;
    #10 push1=0;
    #30;
    @(posedge clk)
    #5 push1=1;
    #10 push1=0;
    #100 $stop;
  end
  pingp
pingpang(clk,reset,push1,push0,led,decode1,decode2,decode3,dec
ode4,clk_out);
endmodule
```

运行测试模块得到如图 8.27 所示的仿真波形图。该波形图中共体现了两种情况：第一种
情况出现在 reset 高电平之后，push1 出现高电平，表示乙发球，接下来在 LED 灯移动到甲处

229

时（即 LED 值为 1000000 时）push0 出现高电平，表示甲接起球，然后在未到接球位置时 push1 再次出现高电平，表示乙接球失败，M 计数为 0001。第二种情况是接下来 push1 再次变为 1，在移动到甲处时没有甲的输入信号，所以甲输，此时 N 计数变为 0001。这样分别模拟了接到一次发球和没有接到发球两种情况。其 Dataflow 图如图 8.28 所示。

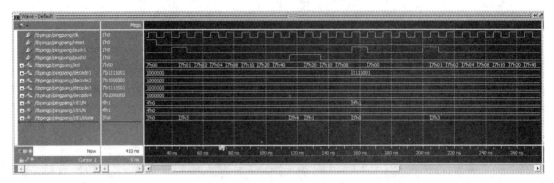

图 8.27　乒乓球游戏功能仿真波形图

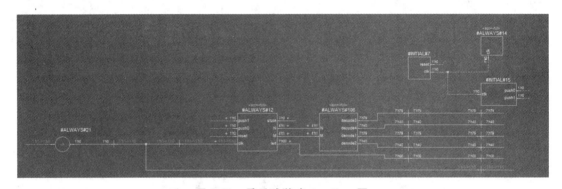

图 8.28　乒乓球游戏 dataflow 图

由于该游戏用实际硬件电路验证结果更加直观，所以可以使用开发板做硬件验证，使用 QuartusII 可以得到如图 8.26 所示的状态转换图，可以对照程序代码和设计要求检查状态转换是否相符。检查无误后可以调用 TRL 视图功能得到如图 8.29 所示的电路结构图，图中左上角的矩形区域是状态机电路，完成的就是如图 8.26 所示的状态转换图。图 8.30 为控制电路的局部图，电路的综合结果如图 8.31 所示。

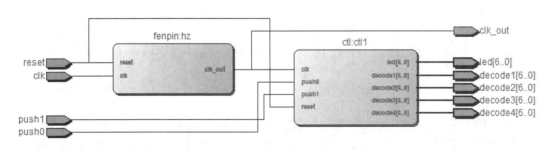

图 8.29　乒乓球游戏电路结构图

230

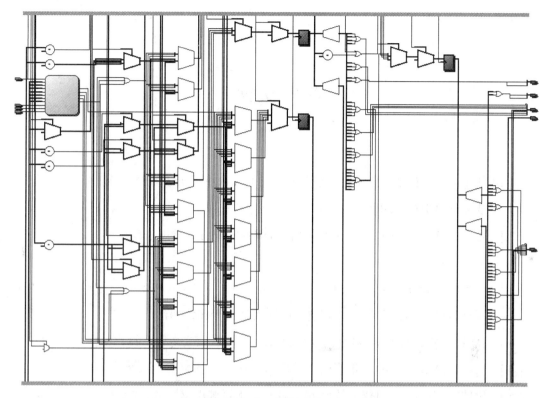

图 8.30　控制电路图

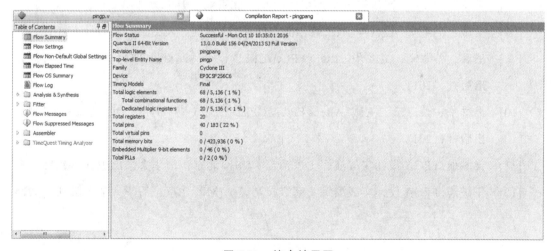

图 8.31　综合结果图

8.6.4　项目设计扩展

本项目可以通过增加一些外围电路来添加一些额外的功能。例如，可以在计数到 11 分之后添加蜂鸣器或闪灯等警示功能，或增加一个裁判开关，可由裁判来判别增加或减少得分、或者胜负标志等。

参考文献

[1] 杜慧敏，李宥谋，赵全良. 基于 Verilog 的 FPGA 设计基础[M]. 西安：西安电子科技大学出版社，2006.

[2] 陈金鹰.FPGA 技术及应用（普通高等教育电子信息类规划教材）[M]. 北京：机械工业出版社，2015.

[3] 夏宇闻.Verilog 数字系统设计教程（第 3 版）（普通高等教育"十一五"国家级规划教材）[M]. 北京：北京航空航天大学出版社，2015.

[4] 贺敬凯.Verilog HDL 数字设计教程[M]. 西安：西安电子科技大学出版社，2010.

[5] 王金明.Verilog HDL 程序设计教程[M]. 北京：人民邮电出版社，2010.

[6] 康桂霞.FPGA 应用技术教程[M]. 北京：人民邮电出版社，2013.

[7] 吴厚航. 深入浅出玩转 FPGA[M]. 北京：北京航空航天大学出版社，2010.

[8] 王诚，吴继华. 设计与验证 Verilog HDL[M]. 北京：人民邮电出版社，2012.

[9] 王诚，蔡海宁，吴继华.Altera FPGA/CPLD 设计（基础篇）[M]. 北京：人民邮电出版社，2011.

[10] 吴继华，蔡海宁，王诚.Altera FPGA/CPLD 设计（高级篇）[M]. 北京：人民邮电出版社，2011.

[11] 吴厚航.FPGA 设计实战演练（逻辑篇）[M]. 北京：清华大学出版社，2015.

[12] 王敏志.FPGA 设计实战演练（高级技巧篇）[M]. 北京：清华大学出版社，2015.